葡萄酒星球

The Wine Planet

尹立学　著

北京出版集团公司
北京美术摄影出版社

Preface I

It's my great honor to take this chance to share the wine story with Chinese reader together with Ms. Yin Lixue's new book.

Victoria is more richly endowed with wine regions and wineries than any other state in Australia. If you look at a map of Australia, all of the wine regions of the other states are situated within a few hundred kilometres of the coastline. Vast areas of these other states have no vineyards for at least 80 percent of their land mass. Victoria, by contrast, has vineyards running from the eastern to the western, and the northern to the southern boundaries of the state, the boundaries of the regions within the state all touching each other. Thus it is that there is greater diversity of climate and terroir than in any other state. The Henty region in the far southwest of the state has the coolest climate of any part of Australia (Tasmania included), producing cool climate pinot noir, chardonnay and riesling of the highest quality, through to the warm Rutherglen region in the northeast of Victoria, which makes some of the greatest fortified wines in the world, with the added bonus of unique style.

All of the other Australian states (Tasmania excepted) have far greater land masses, and the proximity of so many regions within one day's drive from Melbourne gives Victoria another strength. Each, too, has its own special beauty and character from the European feel of the Yarra Valley landscape to the old gold mining regions to the north of Melbourne (which saw a large influx of Chinese immigrants in the 1850s and '60s) at the height of the gold mining rush. Legacies of their time in Australia of the gold mining era are still very evident today.

James Halliday

序言一

　　我很荣幸有这个机会通过尹立学女士的新书与中国的读者一起分享位于澳大利亚的维多利亚州多彩的葡萄酒文化。

　　维多利亚州似乎天生就具备了成为卓越葡萄酒产区的优越条件。其他盛产葡萄酒的州的葡萄酒产区只集中在几百千米的沿海区域，其至少80%的陆地完全无法种植葡萄园，而维多利亚州的葡萄酒产区则横贯东西，南北交错，几乎遍布全州。也因此使得维多利亚州葡萄酒产区的气候和风土最为多样化，既有澳大利亚最凉爽的西南产区亨提，盛产黑比诺、霞多丽和优质雷司令，也有东北部温暖的路斯格兰产区，以酿制顶级的加度葡萄酒而闻名。

　　与其他幅员辽阔的州（塔斯马尼亚岛除外）不同，维多利亚州的大部分产区距墨尔本都是当天往返的距离，这也使得维多利亚州的葡萄酒产区具备了得天独厚的旅游优势。而每个产区又有其独特的魅力，无论是充满欧范儿的雅拉谷产区，还是与中国在19世纪五六十年代的淘金移民潮密切关联的淘金遗址古镇，都完美地与当地的葡萄酒文化融为一体，构成迷人的旅游目的地。

詹姆斯·哈利德

Preface 2

It gives me great pleasure on behalf of the State Government of Victoria to invite you on a journey through Victoria's wine regions with this landmark new book by esteemed wine educator, Yin Lixue.

Victoria, in the south east corner of Australia, is blessed with a temperate climate and diverse soil types that produce fine wine. Melbourne, the capital city of Victoria, has been ranked for consecutive years as the world's most livable city, and our vibrant food and wine culture make a big contribution to our global reputation.

This book comes at an ideal time for both Victorian winegrowers and international connoisseurs of fine wine. Victoria's winemakers have received international recognition through iconic offerings such as Chardonnay and Shiraz. But it is less well known that Victoria has 130 different grape varieties, grown across 3000 vineyards. As this book rightly highlights, with more than 800 wineries in 21 distinct wine regions across the state, Victoria has a wine for every palette.

In the pages that follow, Yin Lixue's engaging commentary and expertise will open up the variety of Victoria's quality wines for Chinese wine enthusiasts. From the estate wines of the Yarra Valley, which reflect the harmony of diverse soils, temperate weather, and the dedication of generation of vignerons, to the top shelf pinot noir, plus chardonnay, pinot gris and pinot grigio from the rolling hills of the Mornington Peninsula, both destinations within easy reach of Melbourne. This book also ventures on to the sweeping horizons, dense bush and rugged ridges of the Grampians. This ageless terrain produces intense, finely structured wines and is fast gaining a reputation as a gourmet destination in its own right.

Each year Victoria produces 23 million bottles of wine, and exports around 120 million litres to almost 80 countries. The Victorian wine industry and its 600 cellar doors are a major tourist attraction, and a key source of regional employment and income. The Victorian Government has a comprehensive plan to boost Victoria's wine industry, to help grow our wine regions now and into the future.

Victoria has a depth of leadership and a long tradition of quality, creativity and diversity in wine, with a growing international reputation. With wine planet- Victoria and Yin Lixue as your guide, I encourage you to explore the diversity of Victoria's premium quality wines, and the natural beauty of our state.

Minister for Agriculture,
Minister for Regional Development

序言二

能够代表维多利亚州政府邀请您通过这本奇思妙想的书——《葡萄酒星球》，与中国知名的葡萄酒教育专家尹立学女士一起共飨美妙的维多利亚葡萄酒产区之旅，是我莫大的荣幸。同时这也是第一本把葡萄酒文化和旅游完美结合的攻略书。

维多利亚州位于澳大利亚的东南角，温和的气候和类型多样的土壤给这里带来了优质的葡萄酒。首府墨尔本更是已经连续多年上榜世界最宜居城市排名。鲜活的美食美酒文化也为维多利亚州赢得各种全球盛誉。

这本书的出版对维多利亚州酒农和国际葡萄酒鉴赏家都是一次绝佳的时机。维多利亚州的设拉子和霞多丽在国际葡萄酒市场占有一席之地。但你知道吗？维多利亚州拥有130个不同的葡萄品种以及3000多块葡萄田。遍布在维多利亚州21个各具特色的产区的800多座酒庄，可以说不同风味的葡萄酒，在这里应有尽有。

在这本书里，尹立学女士将用她充满魅力的文字以及精深的葡萄酒文化造诣为中国葡萄酒爱好者揭开维多利亚州高品质葡萄酒的面纱。无论是以风土多变和执着耕耘的果农闻名的雅拉谷，还是以高品质的霞多丽和比诺系列著称的莫宁顿半岛，都距离墨尔本仅一小时左右车程。关于这本书，更有趣的是将视野延展到广袤无垠、充满了茂密灌木丛和悬崖峭壁的格兰屏山区。格兰屏产区正是因其紧致、优雅而又充满力度的葡萄酒风格和当地美食成为个性十足的旅游目的地。

维多利亚州每年生产2300万瓶葡萄酒，出口至80个国家，总量1.2亿升。精进的葡萄酒产业和遍布全州600多个酒窖已经帮助维多利亚州发展成著名的旅游目的地，也为地方经济贡献了许多就业机会和税收。维多利亚州政府正在推行一个全面的计划来积极提升这里的葡萄酒产业，逐步扩大葡萄酒产区的今天和未来。

维多利亚州的葡萄酒酿造历史悠久，在葡萄酒的创新性和多样性上获得越来越多的国际声誉。让我们与这本书一起带领您展开一场专属的维多利亚州美酒之旅！

加拉·普尔福德

维多利亚州农业和地区发展部长

作者自序及鸣谢

坦白讲，这本书的问世并不容易，作为国内第一本此类题材的书，无论是从文字编写还是排版设计，都必须探索前行。特别是作为"葡萄酒星球"系列丛书的首发，这本书的呈现结果就显得尤为关键。如何实现信息的准确性、实用性和趣味性并存，也着实让全体的编辑和出版团队费尽心思。在此尤其感谢我的团队的张扬和夏婷婷在整理文字和海量地图、图片时的辛苦付出，办公室无数个不眠之夜会成为我们永远的记忆。感谢北京美术摄影出版社愿意接受这个全新的挑战，一起启动《葡萄酒星球》，特别感谢张晓的给力支持和关键时刻的协助，感谢出版社的整个编辑和美编团队。感谢仇姣宁在整理酒庄故事上的倾力协助，从而呈现出一例例更加鲜活立体的"葡萄酒人生"。当然也要感谢维多利亚州政府的大力支持，感谢维多利亚州旅游局、澳大利亚葡萄酒管理局以及信息采集过程中澳大利亚各葡萄酒产区协会的给力支援和配合。让我们再接再厉，一起玩儿HIGH《葡萄酒星球》！

尹立学

目录

走进
维多利亚州

雅拉谷
产区

莫宁顿半岛
产区

格兰屏
产区

🍷 走进维多利亚州

葡萄酒星球
走进维多利亚州

维多利亚州概述

地理位置

　　维多利亚州（Victoria）是澳大利亚最小的大陆州，位于澳大利亚的东南沿海地区，西侧为南澳大利亚州（South Australia），北侧为新南威尔士州（New South Wales），南侧是隔水相望的塔斯马尼亚（Tasmania）。

　　维多利亚州坐落于澳大利亚大陆的东南角，气候温和的墨累河岸（Murray River）地区和天鹅山（Swan Hill）都位于这个州的西北部。墨累河以东的路斯格兰（Rutherglen）以出产独一无二的麝香之类的加度酒而闻名，这种酒的原料经过干燥漫长的秋季而浓缩了糖分，带有十分甘甜的果香。

产区概况

　　总体而言，维多利亚州其他的葡萄酒产区要比位于西部和北部的产区凉爽。雅拉谷地区距离墨尔本只有半个小时的车程，出产沁人心脾、细腻清雅的霞多丽和黑比诺。在阿尔派谷（Alpine Valleys），秋天早早来临，果农和葡萄酿酒师们总是赶着在霜冻之前使果实成熟，以免遭受损失。然而凡事有得有失，正是由于拥有凉爽的夏季，他们才得以产出芳香浓郁、口感层次多样的葡萄酒。

　　维多利亚州的葡萄园面积为26498公顷，葡萄酒产区按地理方位分成6个部分：西北部、西部、中部、菲利普港区域、东北部和面积较大的吉普斯兰（Gippsland）产区。其中西北部包括墨累河岸地区和天鹅山；西部包括格兰屏（Grampians）、亨提（Henty）和比利牛斯（Pyrenees）；中部包括西斯寇特（Heathcote）、本迪戈（Bendigo）、高宝河谷（Goulburn Valley）、上古尔本（Upper Goulburn）和史庄伯吉山区（Strathbogie Ranges）；菲利普港区域包括雅拉谷（Yarra Valley）、马斯顿山区（Macedon Ranges）、森伯里（Sunbury）、吉朗（Geelong）和莫宁顿半岛（Mornington Peninsula）；东北部包括阿尔派谷、比曲尔斯（Beechworth）、格林罗旺（Glenrowan）、路斯格兰（Rutherglen）和国王谷（King Valley）。

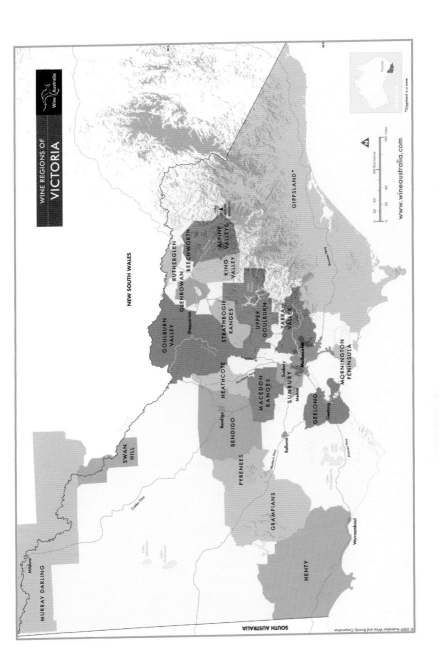

葡萄酒历史

　　维多利亚州的葡萄栽培历史可追溯至19世纪30年代。1834年，约翰·拜特曼创建了墨尔本。不到4年，牧羊人William Ryrie就在距离墨尔本不远的优伶（Yering）开辟了第一片葡萄种植区域。1839年，出生在瑞士的Charles La Trobe被任命为墨尔本的新任行政官，随他一同而来的还有其他11个瑞士酿酒人。他们定居在吉朗（Geelong）地区，并开始在房屋附近种植葡萄，这为维多利亚州葡萄酒业的发展奠定了基础。

　　1854年，该产区最早的商用葡萄园出现，由瑞士移民Hubert de Castella在优伶附近建造。19世纪60年代，法国的葡萄酒产业遭到葡萄根瘤蚜菌病毁灭性的打击，以致法国无法正常向英国出口葡萄酒。第一块商用葡萄园的创建者Castella立志要使维多利亚州出产的葡萄酒满足整个英国市场，为此他做了详细的计划。不幸的是，Castella的伟大计划最终未能实现。尽管如此，维多利亚州的葡萄酒产业仍得到了快速发展，并对整个澳大利亚葡萄酒产业都产生了重要影响。19世纪90年代，该州的葡萄酒产量占到澳大利亚葡萄酒总产量的一半以上。然而令人感慨的是，澳大利亚的葡萄酒产业在不久之后也受到了葡萄根瘤蚜菌病的侵袭，而最早受到侵害的就是该产区的吉朗地区，这导致许多葡萄酒投资都移向了刚刚兴起的南澳大利亚州。而且当时禁酒运动愈演愈烈，加之第一次世界大战期间经济不稳定，人手也较为短缺，严重阻碍了维多利亚州葡萄酒业的发展。

　　在维多利亚州葡萄酒业发展的早期，产区内多数的葡萄园和酿酒厂都位于墨尔本附近凉爽的南部海岸地区。进入20世纪后，酿酒中心开始转向路斯格兰附近较为温暖的东北部区域，出产远近闻名的加度酒和甜型酒。这些酒普遍用晚摘葡萄酿制，并在橡木桶中熟成数月甚至几年的时间，酒精浓度较高，在20世纪五六十年代一直是该产区葡萄酒业的支柱。

　　目前，维多利亚州拥有600多个酿酒厂，比其他各州的酿酒厂都多。由于缺少像南澳大利亚州的河地（Riverland）和新南威尔士州的滨海沿岸（Riverina）这样大量出产桶装酒的产区，所以该产区葡萄酒的产量在整个澳大利亚仅排在第三位。

醉人的三大酒乡

雅拉谷（Yarra Valley）

雅拉谷是维多利亚州的第一个产酒区，其历史可以追溯至170年前。这里最早在1838年开始种植葡萄，之后，在19世纪六七十年代，葡萄栽培进入高峰期。然而，由于市场对加度葡萄酒需求的不断增长，雅拉谷葡萄酒产业于1921年被迫中止。直到20世纪60年代末期，葡萄种植才得以复苏，到20世纪90年代初，雅拉谷地区的葡萄园面积已经达到19世纪的顶峰水平。

现今，雅拉谷已成为澳大利亚公认的最凉爽的产区之一，适合酿酒的葡萄品种多样，酒品均为经典之作。雅拉谷盛产气泡酒、霞多丽、黑比诺、设拉子及赤霞珠。雅拉谷对葡萄酒品质的高度追求亦反映在同样出自这片肥沃土壤的当地美食上。您可以领略在维多利亚州最优美的景色中享受美食和佳肴的独特风光。

历史

时间追溯至约180年前,1838年,雅拉谷成为维多利亚州最早栽培酿酒葡萄的地区。此后,在19世纪60年代到70年代间,酿酒葡萄的种植面积在当地迅速扩张。然而,随着人们对加度酒需求的增长,1921年,雅拉谷停止了葡萄酒的生产。直到20世纪60年代末才恢复了酿酒葡萄的种植,且葡萄园的种植面积在20世纪90年代初就超过了19世纪种植面积的最大值。

如今,雅拉谷被认为是澳大利亚最早的凉爽气候产区,酿酒葡萄品种丰富,多用来酿造经典风格的葡萄酒。在雅拉谷地区,只钟情于单一明星葡萄品种是不太可能的,因为雅拉谷拥有与法国香槟公司合作生产的气泡酒、精细的霞多丽、复杂的黑比诺及世界一流的赤霞珠和设拉子。

地理位置

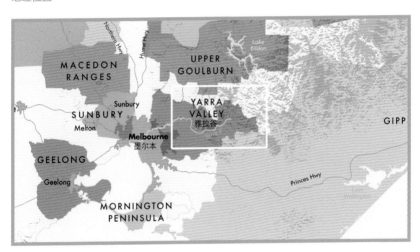

雅拉谷位于墨尔本市中心以东45千米处,南邻Gembrook镇,北至Kinglake,东到Wantirna与Gregory山脉。主要城镇有Lilydale、Healesville、Yarra Glen 和St Andrews。

维多利亚州的雅拉谷产区是澳大利亚葡萄酒产地标示制度(GI)规定的法定产区,澳大利亚葡萄酒产地标示制度对澳大利亚葡萄酒产区做出官方定义,并按国际法规保护产区名称。

雅拉谷这一名字可以在酒标上显示。当酒标上标有"Yarra Valley"时,要求85%或85%以上的酿酒葡萄必须来自雅拉谷产区,这一要求维护了酒标信息的完整性,保障了消费者的权益。

土壤与气候

土壤

雅拉谷产区的地形复杂多变，涵盖了多种类型的土壤。

雅拉谷中部地区最古老的土地上散布着沙质黏壤土与砂岩土。

相比中部地区，雅拉谷的上部和下部等地区的土壤要年轻得多，这些地区的土壤大多是松散且明亮的红色火山岩土壤。

气候

雅拉谷产区海拔50～400米。与澳大利亚其他产区相比，雅拉谷产区有着凉爽的气候环境，温度介于波尔多和勃艮第之间，比波尔多凉爽，比勃艮第温暖。

雅拉谷产区的冬季和春季降雨充足，夏季则相对凉爽、干燥，由于临近海洋，昼夜温差小。

雅拉谷产区通常在2月中旬开始黑比诺的采收，而在4月完成赤霞珠的采收，分别对应北半球的9月和11月。雅拉谷产区很少发生霜冻，但也会偶尔在谷底地区发生并造成葡萄园的减产。

在7个月的生长季内，雅拉谷产区的降水量一般为750～950毫米(通常会更少)，所以对于一些蓄水能力差的土壤而言，根据不同品种确定灌溉量是至关重要的。

白葡萄品种

霞多丽

霞多丽是雅拉谷产区种植最广泛的白葡萄品种，酿出的酒风格迥异，既可以是复杂的、带有橡木味的，又可以是优雅内敛的。霞多丽通常采用勃艮第传统酿造工艺，可以与黑比诺混合酿造基本的气泡酒。

澳大利亚葡萄酒烈酒协会曾这样评价："雅拉谷产区的霞多丽有很容易辨识的无花果以及白桃香味，但在酒的含量、质地和丰满度上有很大的区别，不同风格的霞多丽诠释了不同地方的酿造理念、酿造工艺和风土，毋庸置疑的是，雅拉谷产区能够酿造具有较高陈年潜力的高品质霞多丽。"

雅拉谷产区的霞多丽适合搭配风味十足的海鲜和禽类肉。

雅拉谷产区的其他白葡萄品种

长相思、雷司令、维欧尼、赛美蓉、琼瑶浆、灰比诺、玛珊。

红葡萄品种

黑比诺

黑比诺是雅拉谷产区种植最广泛的红葡萄品种。黑比诺是一个非常挑剔的品种，所以栽培和酿造黑比诺都可谓一个挑战，但黑比诺在气候凉爽的雅拉谷地区却有着很好的表现。

澳大利亚葡萄酒烈酒协会曾这样评价："黑比诺在雅拉谷地区有很重要的地位，相比其他产区，娇贵的黑比诺在雅拉谷地区得到了最好的展现，慢慢地，人们越来越了解这种葡萄，很多葡萄酒饮用者不喝黑比诺，是因为黑比诺与赤霞珠、设拉子有着完全不同的风格，但一些人会折服于黑比诺精细的口感，惊叹于黑比诺悠长的余味。对于那些熟知勃艮第（通常为原产地装瓶）黑比诺的人而言，在雅拉谷产区的黑比诺中发现草莓、李子的水果香气无疑是一件令人惊喜的事情。"

在某些地区，黑比诺也常常与霞多丽混酿，用以加深气泡酒的颜色。

雅拉谷的黑比诺适合与鸭肉、小牛肉或新鲜羊肉搭配。

设拉子

来自凉爽的雅拉谷产区的设拉子能够酿造出高品质、口感细腻的葡萄酒。品尝时可以感受到浓郁的胡椒、香料味以及茴香和李子味。

适合搭配野味或者牛肉。

雅拉谷产区其他红葡萄品种

赤霞珠、美乐、马尔贝克、小味儿多、品丽珠、桑娇维赛、内比奥罗。

设拉子

赤霞珠

霞多丽

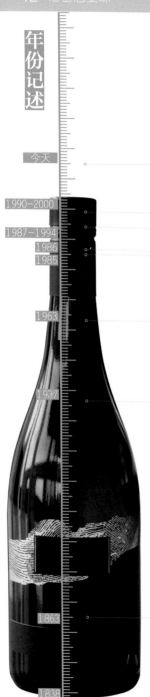

年份记述

今天

1990-2000

1987-1994
1986
1985

1963

1937

1863

1838

今日，雅拉谷拥有80多家酒庄，其卓越的品质为该产区带来了显赫的声誉。

20世纪末，40家酒庄相继创建。

在1987年和1994年，澳大利亚最大的葡萄酒家族企业德保利和McWilliams创立了雅拉谷葡萄酒标志。

1986年，法国酩悦香槟成立了香登酒庄（Domaine Chandon），作为该品牌在澳大利亚的生产基地。

1985年，由著名葡萄酒作家詹姆斯·哈利德（James Halliday）创建了Coldstream Hills。

1963年，第一家新生代酒庄创建——Wantirna庄园。20世纪六七十年代，众多酒庄陆续成立，有Fergusson、Yarra Yering、Mount Mary、Seville Estate、Warramate、Yarra Burn和Chateau Yerinya（现在的德保利）。Yeringberg和St. Huberts也重整旗鼓。

1937年，经济大萧条加上自然灾害，导致所有葡萄园陷入低迷。

1863年，Hubert de Castella创建了St.Huberts，Guillame de Pury创建了Yeringberg。

1838年，Ryrie兄弟在维多利亚州建立了第一个葡萄园。1845年，雅拉谷的第一瓶葡萄酒诞生，该酒由James Dardel酿制。

雅拉谷产区的统计数据

快速指南

葡萄园面积
2492公顷
※数据来源:2010年澳大利亚葡萄酒管理局统计数据

酿酒葡萄总重
15712吨
※数据来源:2010年澳大利亚葡萄酒管理局统计数据

酿酒葡萄平均产值
$1511/吨
※数据来源:2010年澳大利亚价格集中趋势报告

酿酒葡萄总产值
$23740681
※数据来源:2010年澳大利亚价格集中趋势报告

葡萄酒出口量
14157760升
※数据来源:2008年澳大利亚葡萄酒烈酒协会出口审批统计数据

葡萄酒酒厂数
146
※数据来源:2010年澳大利亚葡萄酒烈酒协会统计数据

雅拉谷年份报告

※ 由詹姆斯·哈利德撰写。
W = 白葡萄酒,满分10分
R = 红葡萄酒,满分10分

年份	Ratings
1992	W 10; R 10
1993	W 8; R 7
1994	W 9; R 9
1995	W 5; R 7
1996	W 7; R 8
1997	W 8; R 9
1998	W 8; R 9
1999	W 6; R 6
2000	W 9; R 9
2001	W 6; R 7
2002	W 10; R 8
2003	W 8; R 8
2004	W 9; R 8
2005	W 10; R 9
2006	W 9; R 9

莫宁顿半岛（Mornington Peninsula）

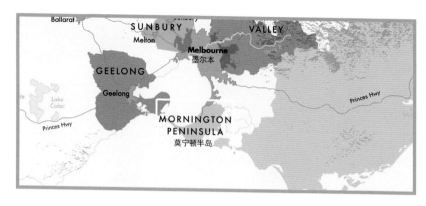

　　莫宁顿半岛的酒庄规模较小，其地形、气候变化复杂，酿造出的美酒风味迥异。莫宁顿半岛的葡萄酒酿造历史可以追溯至1886年，当年Dromana酒庄曾在伦敦国际酒展获得荣誉奖。但是和许多维多利亚州的其他产区命运相似，至20世纪20年代，该地区的许多葡萄园遭到弃置或者根除。1927年，一群有抱负的葡萄栽培家独具慧眼地发现气候凉爽的莫宁顿半岛具有培育高品质酿酒葡萄的巨大潜力。莫宁顿半岛地形开阔，到处是轻轻起伏的山岭和绿色牧场以及宁静的葡萄园。虽然每个葡萄园占地面积不大，但是半岛上很大一部分土地都被用于葡萄的栽种。距墨尔本仅一小时车程的莫宁顿半岛不仅盛产优质葡萄酒和当地美食，也因其优美的沙滩、安宁的海湾、自然的美景以及世界级水准的高尔夫场地和其他旅游景点而享有盛名。该产区的标志性葡萄品种是霞多丽和黑比诺。

气候

　　莫宁顿半岛位于巴斯海峡（Bass Strait）、菲利普港湾（Port Phillip Bay）与西海湾（Western Port Bay）之间，是澳大利亚最典型的海洋性气候葡萄酒产区之一。这里的风向主要有从菲利普港湾吹来的西北风以及从巴斯海峡吹来的东南风。

　　由于受海洋性气候的影响，莫宁顿半岛夏季湿度相对较高，葡萄生长压力较小，而且日照充足，春季和冬季雨水充沛。较晚的成熟期以及气候温和的漫长秋季，使葡萄能够完全成熟，酿造出的葡萄酒果味出众，天然酸度高，单宁成熟细腻。

土壤

　　莫宁顿半岛共有四种主要的土壤形态：Dromana地区以硬质、颜色斑驳的黄色双层土为主，在表层土和底下松散的、排水性强的黏土层之间，存在一层薄薄的酸性石灰沙土层；红山（Red Hill）和主岭（Main Ridge）地区以深厚肥沃的红土为主，这种土来源于火山（红壤）；梅里克斯（Merricks）地区是褐色的双层土；而穆鲁杜克（Moorooduc）的土壤含沙质成分更多。

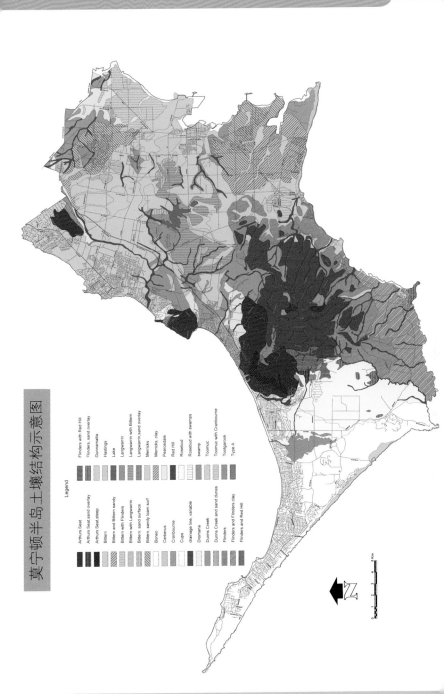

莫宁顿半岛土壤结构示意图

Legend

Arthurs Seat
Arthurs Seat, sand overlay
Arthur's Seat, steep
Bittern
Bittern and Bittern sandy
Bittern with Flinders
Bittern with Langwarrin
Bittern, sand surface
Bittern, sandy loam surf
Boneo
Cerberus
Crairbourne
Cups
drainage line, variable
Dromana
Durns Creek
Durns Creek and sand dunes
Flinders
Flinders and Red Hill

Flinders with Red Hill
Flinders, sand overlay
Gunnamatta
Hastings
Lake
Langwarrin
Langwarrin with Bittern
Langwarrin, sand overlay
Merricks, clay
Merricks, clay
Pearcedale
Red Hill
Rosebud
Rosebud with swamps
swamp
Toornuc
Toornuc, with Cranbourne
Toddagnook
Type A

葡萄品种

尽管从全球来看，莫宁顿半岛还是一个年轻的葡萄酒产区，但它依然有30年的经验可供我们借鉴。很显然，这个产区适合生产勃艮第的品种霞多丽和黑比诺。乍看可能会觉得吃惊，因为勃艮第是一个离海很远的城市，而莫宁顿半岛四面环水。事实上，勃艮第是湿热气候而不是大陆性气候，由于受海洋的影响，所以不像那些远离海的地区那么干燥，在气候上与莫宁顿半岛很相近。

在莫宁顿半岛内部，不同的地方在气候、土壤类型、降雨量和海拔上也有相当大的差异，此外，不同的地形通常也会带来差异，这些差异给每个葡萄园带来了它们独特的风土。尽管如此，我们还是能在这些葡萄和葡萄酒中看到一些产区特点。现在，莫宁顿半岛产区有很多成熟的葡萄园正在为明确这个产区的一些特点而努力。

霞多丽

莫宁顿半岛有着多种多样的微气候，对于出产高质量的霞多丽是十分理想的。霞多丽口感变化丰富，从含有蜜瓜、柑橘、核果及无花果香气，并配以能够纯粹强烈地表现出当地产区的矿物质的硬质口感，到时常伴随着柔和细腻、令该品种更加迷人的奶香口感。相较于其他品种，霞多丽更加获益于莫宁顿半岛知名的凉爽气候所带来的杰出的天然酸度，酿造出结构紧致的佳酿。近年来，众多评论均提及那些珍藏超过10年的原产自莫宁顿半岛的霞多丽为其饮者提供了最愉悦的饮用体验。

黑比诺

黑比诺是一个很挑剔的葡萄品种。如果它没有被种在合适的地方，没有被精心地照顾，产量过高或在酿制过程中没有被"娇惯"，就基本不可能表现出好的品质。Josh Jensen（Calera庄园）称它为"格外的品种"——格外难伺候和格外严酷。当然，如果做得好的话，一切都会变得特别值得。

除了勃艮第，越来越多的新世界产区被公认能够生产出高品质的黑比诺葡萄酒，其中就包括维多利亚州的莫宁顿半岛和雅拉谷。在这些产区里面，莫宁顿半岛是最南边的，所以受海洋的影响最大也更多样化。莫宁顿半岛有两个非官方划分的主要产区，分别被称为"山上"和"山下"。更北边一点儿的是包括莫路德在内的山下产区，相比山上产区更加温暖、干燥，土地也更贫瘠。更南边一点儿的是围绕红山和主岭的山上产区，海拔更高一点儿。

两个分区生产的最好的黑比诺葡萄酒都展现出复杂的香气，主要是果香，富含樱桃、李子和山莓的风味，山上产区生产的葡萄酒的风味更多倾向于红色浆果，而山下产区生产的葡萄酒的风味则更偏向黑色浆果。与香气相比，葡萄酒口感的复杂性要普通一些，不过，随着酒龄的增加，我们会在葡萄酒中发现更多结构的单宁，达到对新世界的黑比诺葡萄酒来说不寻常的程度。

总体来说，这两个产区最好的酒都有优雅、复杂的香气，中等偏上的厚重感和柔和的单宁。

格兰屏（Grampians）

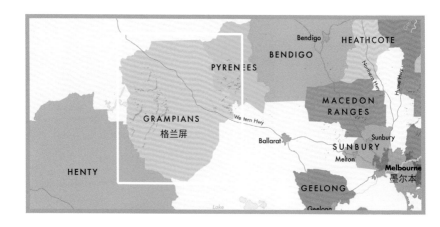

大西产区是格兰屏产区下的子产区，在墨尔本以西218千米，这里被公认为澳大利亚最古老、最具声望的产区之一，葡萄园的种植历史可以追溯到19世纪50年代的淘金潮。邻近产区的格兰屏国家公园风景如画。这个兴起于1867年的遥远而古老的产区，藏匿着可以让葡萄酒迷们醉心寻觅的奇珍异宝：这里有至今仍无法识别的古老的葡萄藤树种。

大西产区葡萄园的土壤既有较硬的沙质黏土，也有易碎的黏壤土，土壤持水性较好，这对常年少雨的格兰屏地区十分关键。总的来说，这里的葡萄园产量偏低。而格兰屏地区的海拔也决定了这里的气温比维多利亚州中部和东部的平均气温更低一些。因为毗邻南海，夏季有凉爽的海风吹拂，大西产区被认定为冷凉气候产区。葡萄生长季节昼夜温差较大，秋季气候温和，葡萄可以在完美的气候条件下缓慢成熟，尤其适合晚熟品种设拉子的生长。大西产区的设拉子通常具有窖藏潜力，优雅，结构感强，单宁柔和，有红樱桃、李子、香料和胡椒的典型香气特征。当然，赤霞珠、雷司令也能很好地生长。

澳大利亚生活方式的集中体现——墨尔本

闲情咖啡文化

墨尔本是澳大利亚的"咖啡之都"，平日里即可看见本地居民或上班族流连于咖啡馆，享受片刻沉淀的时光。周末假日，那些室内的或露天的咖啡馆更是座无虚席，鹅卵石的街巷里，到处飘散着咖啡的香气，闲适的人们或谈天说地，或享受独自的心灵空间。

墨尔本咖啡历史漫步

20世纪初，意大利移民将浓咖啡引进了墨尔本，发展到今天，墨尔本已经是澳大利亚的"咖啡之都"。咖啡历史漫步，便是从Bourke街上的老字号意式咖啡馆Society开始的。两个小时的行程，浅尝咖啡，追寻墨尔本咖啡文化的足迹，从咖啡豆烘焙坊、咖啡酒吧、咖啡连锁店、咖啡小铺，到咖啡餐厅，串联出一张历史纵深的墨尔本咖啡地图。

每条街都有好咖啡

Brunswick St：咖啡文化在Brunswick St发挥得淋漓尽致，街上的房屋被漆成粉嫩鲜明的颜色，异国情调洋溢。这里的咖啡馆以波西米亚风、中东风、印度风著称，土耳其、希腊和阿拉伯咖啡，每一种都应该尝尝。

Chapel St：最时尚的咖啡街区，来这里喝咖啡的人，大都驾高级跑车而来，或者是些品位独特的中上阶层人士。大部分咖啡馆都供应意大利咖啡，搭配各式糕点，有的人早晨就来到这里，他们喜欢坐在有遮阳伞的露天咖啡座，一边喝咖啡，一边晒太阳。

Degraves St：这条横街既狭又小，几乎每走几步就是一个咖啡厅。如果早上需要一杯咖啡提神，Degraves Espresso的出品会是不错之选。

Centre Place：地面聚满小型咖啡店，楼上就是设有小露台的民居。置身满是涂鸦的内街，可以感受当地生活化的一面，最重要的是，狭窄幽暗的小街内藏着最地道的咖啡店。

推荐咖啡厅

　　Auction Rooms：位于墨尔本北区，被评为2013年度墨尔本最好的咖啡馆。www.auctionroomscafe.com.au

　　Retro Café：位于Brunswick St，既有隐藏于草丛间的户外雅座，又有以旧厂房改装而成的室内餐厅，在室内透过玻璃窗看来来往往的路人，像万花筒般，趣味盎然。www.retro.net.au

　　Journal咖啡馆：长长的公用餐桌上方悬挂着被明亮灯光照映的书架，有书香氛围、地道的家常菜和浓浓的咖啡香。www.journalcafe.com.au

多元美食之都

　　越南菜、中国菜、西班牙风味、艾兰街的犹太糕饼，还有久负盛名的澳大利亚龙虾，不用味蕾不可能真正体验墨尔本。

　　在遍布全城的精致餐厅中，不管是一个人的品酒时光、两个人的浪漫晚餐，抑

或是在一天疯狂玩乐后填饱饥饿的肚子，每一种挑剔的味蕾都备受宠爱。

在各式各样的餐厅、咖啡馆、小酒馆和酒吧，都可以感受到墨尔本混合的多元文化。无论您追求现代、传统、异域还是质朴的风味，墨尔本兼收并蓄的就餐环境都可以为您提供令人惊叹的一系列世界级佳肴，既有大众流行口味，也有创意美食。

在巷道里的小餐馆，配着Tapas西班牙餐前小食喝上一杯，在唐人街吃上盘麻辣的四川菜，或者走出中央商务区，探访墨尔本其他各具特色的餐饮区——Richmond的越南菜，素有"小意大利"美称的Carlton，Fitzroy的西班牙菜和Brunswick的黎巴嫩风味。

唐人街亚系美食

在唐人街闻名的中餐和亚洲餐厅里享受一顿饕餮美食，例如食为先（Shark Fin）、消夜店（Super Inn）、龙舫皇宫（Dragon Boat）和西湖酒家（Westlake）等。在这里，饮早茶往往是午餐的代名词，如果想体验精美的粤菜，可以去著名的万寿宫（Flower Drum）餐厅尝一尝那里的招牌菜。

城市街巷传统餐饮

千万不要忘了那些久经考验的巷道，它们一贯以值得信赖被人们称道。Meyer's Place有一家同名的酒吧和一家著名的意大利餐厅——Waiters Restaurant，而Pellegrini餐厅一如既往地欢迎着每一位来到Crossley Street的朋友；Hardware Lane、Degraves Street和中央广场（Centre Place）则竞相献上美食来满足每位客人。

墨尔本市郊美味探秘

墨尔本近郊地区集中了这个城市的精华。去市郊品尝出自国际明星大厨的美食，享受精品酒吧的饮品，计划好您想要寻味的美食类型，您定能在这里找到令自己动心的新惊喜。

墨尔本，血拼无极限

不管您是追随尖端潮流，还是坚持个人品位，当澳大利亚品牌聚集的QV、高端品位的GPO、精致购物拱廊Block Arcade向您全面展开时尚攻势的时候，您就很难决定从哪里开始了。何况还有名牌天堂Chapel St、减价仓大本营Bridge Rd，以及新落成的Harbour Town购物中心，像一个个巨大的磁场，吸引着挑剔的时尚眼光。

欧风格调　Collins St

Collins St两旁高楼林立，要塞的位置注定它是时尚和光辉的宠爱地。

劳力士澳大利亚精品店中，各类劳力士腕表经典而超值；格调高雅的The Hour Glass表行内，百达翡丽、江诗丹顿、伯爵等世界十大顶级腕表汇聚一堂，欧米茄、浪琴、雷达也应有尽有，流光溢彩中，时光为您而停驻。意大利经典珠宝品牌Bvlgari，独特的设计与多彩的宝石让人流连忘返；Monards Melbourne和Franck Muller Boutique等墨尔本著名的珠宝店，购物盛宴同样典雅奢华。当然，以Collins St的时尚地位，自是少不了Louis Vuitton来助阵。

型人国度　Little Collins St

Little Collins St上，从高级定制时装到最古灵精怪的物品都能找到。由Swanston St至Russell St的一段有最出色的男装、女装。

多元文化的熔炉

19世纪初，维多利亚州的淘金热吸引了世界各地的移民，也造就了墨尔本的多元化风情。不同族群的人们聚居成一个个风格独特的社区，他们各自的节庆、饮食、生活习惯，令这座城市呈现出澳大利亚其他城市所没有的丰富情趣。从Little Bourks St的唐人街古韵、Lonsdale St的希腊风情、Victoria St的越南天地，到Lygon St的"小意大利"，游玩在墨尔本，能看尽全世界的风采。

城市英伦风情

墨尔本到处洋溢着深厚的英伦风尚，市区随处可见哥特式、维多利亚式建筑，尤以雅拉河北岸一带居多，徜徉其间，韵味十足的教堂、拱廊、庭园，以及美轮美奂的天花、彩窗、尖顶，时间仿若倒流至中世纪。

弗林德斯火车站
(Flinders Street Station)

这座维多利亚风格的古老建筑，是墨尔本市中心的重要地标。当有人对您说"I'll meet you under clocks"时，就是指在火车站入口处的那一列时钟下见。

圣帕特里克大教堂
(St.Patrick's Cathedral)

墨尔本最著名的哥特式建筑之一，教皇保罗六世曾经认可它为符合罗马七大教堂标准的小型天主教堂，位于Cathedral Place。

国会大厦（Parliament House）

　　一座建成于1856年的古老建筑，位于Spring St和Bourke St交界处，1901—1927年曾用作联邦国会大厦。您可以参加每天都提供的定时免费参观行程，一窥其华丽如皇宫般的装潢、雕刻和艺术品。

探索博物馆

　　如果说古老的建筑让您领略到墨尔本过往的轮廓和身影，那么，走进五花八门的博物馆，墨尔本迈动的每一个脚步，您都能看得清清楚楚。

墨尔本博物馆
（Melbourne Museum）

　　矗立在卡尔顿花园（Carlton Gardens）内，是南半球最大的博物馆，以简单有趣的方式展现大自然生态系统、现代科技发展及社会环境变化。

皇家展览中心
（Royal Exhibition Building）

　　1880年举办世博会的地方，堪称全球历史最悠久的展馆之一，与其所在的卡尔顿花园同列联合国教科文组织世界遗产名录。

墨尔本移民博物馆
（Immigration Museum）

　　位于Flinders St，辛酸、失落、成就、喜悦，200年来的移民奋斗史，都在这里展现。

艺术无处不在

墨尔本被誉为澳大利亚的"文化之都",广阔的艺术空间里,每天都有不同形式的艺术表演、展览上演。即使是在街头看到的墙头缤纷涂鸦、Brunswick St上的马赛克座椅、现代而不羁的联邦广场、芭蕾舞裙造型的维多利亚艺术中心,都会使人惊叹于设计师超群的想象力和墨尔本非同一般的艺术造诣。

城市艺术空间

联邦广场(Federation Square)

几栋超现实的抽象建筑物汇集一处,置身于哥特式教堂、维多利亚式火车站对面,显得很叛逆。一年有超过500场街头表演,如接力赛般从白天上演到深夜,是墨尔本最热闹的文化空间。

维多利亚艺术中心(The Arts Centre)

如一个翩翩起舞的芭蕾舞女,在St Kida Rd夜以继日地旋转着她的裙摆,向喜欢歌剧、芭蕾舞、交响乐、美术的人们发出邀请。

澳大利亚活动影像中心(Australian Centre for the Moving Image)

故事能把您带到不同的地方,创意则可以改变您自己。前往澳大利亚活动影像中

心，将自己沉浸在电影、电视和数码文化的世界中，体验这里精彩且永久免费的新展览：银幕世界。

立体影院（IMAX Theatre）

毗邻皇家展览中心，以新奇和高科技著称，在这里设有南半球最大3D画面的剧场，尽情享受最立体、最丰富的视觉效果吧！

缤纷艺术市集

犹如嘉年华般，每周日10:00—17:00，St Kilda的艺术假日市集上都会布满售卖银饰、陶器、琉璃制品、木偶、乐器等的摊位。货品全为手工制造，像毛巾架这样的平常物件，也逗趣十足。

原住民艺术

澳大利亚原住民艺术是世界最古老的艺术之一。1万年前，原住民就在岩石艺术、树皮画、木雕中记录梦幻故事和日常活动。维多利亚国家展览馆有关于原住民艺术的展览，在Flinders Lane的专门收藏店和King St的Koori Heritage Trust也能欣赏到纯正的原住民艺术。

旅游实用资讯

语言

澳大利亚的官方语言是英语。

货币及兑换

澳大利亚货币采用十进制,以澳元为基本单位。纸币面值分为5澳元、10澳元、20澳元、50澳元和100澳元;硬币包括5澳分、10澳分、20澳分、50澳分、1澳元和2澳元共6种面值。除机场的外币兑换服务处和银行可以兑换澳元外,位于墨尔本市区109 Collins Street的外币兑换服务处,每天8:00—20:40也提供外币兑换服务。墨尔本有很多商店接受中国银联卡。

护照和签证

凡到澳大利亚的旅客都需持有效护照,有效期最好是比预计在澳大利亚停留的时间多6个月。任何国籍的旅客(新西兰籍旅客除外)都必须于入境前办妥澳大利亚签证。如有任何签证问题,可与澳大利亚驻华使馆、领馆的签证处联络。

海关

澳大利亚的出入境检疫方法属于全世界最严格之列,旅客所携带的各种大小行李,都要接受海关及机场人员的检查。转机旅客的手提行李也不例外。澳大利亚严禁及限制携带药物、类固醇、武器、军火、受保护野生动物及相关产品入境。除专项核准的新鲜或包装的食品、蔬果外,各种植物的种子、动植物及其制成品等也严禁携带入境。所有物品都必须由本人亲自携带通关。如果对行李中携带的物品有任何疑问,可向海关人员出示并申报。

税项

澳大利亚政府自2000年7月1日起,开征10%的商品及服务销售税(GST)。

两项服务除外

■ 非澳大利亚居民在国外订购国际及国内航机服务;

■ 已包含在访澳国际游客国际机票内的国内接驳航机服务。

凡于30天内在同一家商店(需注册为GST商店)购买累计300澳元以上物品(啤酒、烈酒、香烟,在免税商店购买的商品和体积过大、无法随身带上飞机的物品除外),同时取得该店税单,离境时在海关查验后可前往国际机场出境区的TRS柜台办理退税手续。

退税时需出示购买物品、商店开立的税单、护照、国际航班登机牌。

气候

澳大利亚地处南半球，气候与北半球正好相反。

春 9—11月　秋 3—5月
夏 12—2月　冬 6—8月

1月和2月是墨尔本最热的月份，月平均最高温度达26℃；6—8月则是最冷的月份，月平均最低温度达到6℃左右。

墨尔本市终年无雪，只有在海拔600米以上地区才会降雪，雪季为6—10月。海岸地区偶尔会有降雪。

时区

澳大利亚全国共分为东部、中部、西部3个时区。维多利亚州为东部时区，比中国时间早2个小时；在夏令时期间（10月至次年3月），则比中国早3个小时。

电力

澳大利亚电压为220～240伏特（50赫兹），插座为八字形或三孔扁平头型（以三角形排列）。高级的酒店、旅馆通常拥有110/140伏特通用的电动剃刀插座。

电话

每通市内电话以40澳分计算，目前普遍使用的是电话预付卡，价格从5澳元到50澳元不等，可在一般的书报摊、邮局、书店或礼品店买到。机场、市中心主要公共场所及大部分的酒店内，另有信用卡电话可供使用。您可使用Country Direct服务，选择自动或经由所属国家的接线生致电全球。公用电话都可以直拨国际电话，从澳大利亚拨电话到中国依序为：0011-86-区域码-电话号码。

24小时求助电话：
消防、警察及救护车 000
毒物资讯服务 131 126
中华人民共和国驻墨尔本总领事馆（613）9822 0604

小费

澳大利亚没有收取小费的习惯，旅馆和餐厅也不会把小费计入账单，机场搬运员、出租车司机、旅馆服务员都不会主动要求小费，但可自由付给。火车站搬运员则有收费规定。在比较高级的餐厅，通常会给端送食物和饮料的侍者高达消费额10%的小费，以奖励他们贴心的服务。

租车

年满25岁、挂国际驾照的游客，在澳大利亚即可办理租车手续。建议您在到澳大利亚前先联络租车公司，以免延误行程。当地著名的租车公司包括：

Avis（www.avis.com.au）

Budget（www.budget.com.au）

Hertz（www.hertz.com.au）

Europcar（www.europcar.com.au）

Thrifty（www.thrifty.com.au）

🍷 雅拉谷产区

葡萄酒星球
雅拉谷产区

雅拉谷概述

游在雅拉

吃在雅拉

住在雅拉

乐在雅拉

🍷 雅拉谷概述

　　离开墨尔本机场，沿着高速B720行驶，当看到一个名叫"Yarra Glen"的小镇时，恭喜您已进入了著名的酒乡——雅拉谷。从地理位置上来看，雅拉谷基本由3条高速公路贯穿［南北（B300），东西（B360，B380）］，而Healesville、Yarra Glen和 Warburton这3个极具特色的小镇又串起了雅拉谷的主要酒庄。作为上雅拉河谷的核心，Yarra Glen理所当然地汇集了包括德保利在内的山谷内最著名的一些酒庄。Healesville则因汇集了谷内最好的餐厅、酒店、商店、古董店而呈现出酒乡的生活方式，并因此吸引了大批热爱生活的爱酒人士，这里不只有游客，更会在不经意间邂逅鼎鼎大名的酿酒师。与其他两个葡萄酒小镇相比，Warburton似乎更像是一个天然公园，优美的雅拉河蜿蜒而过，簇拥着大片大片的树林，或林荫漫步，或沿岸慢跑，自是一番怡然。谷内著名的自然风光观光路线也是从这里开始，终止于雅拉谷的另一个"要塞"出口Lilydale。Lilydale是从墨尔本市区抵达雅拉谷的地标。

如何抵达雅拉谷

🚗 驾车

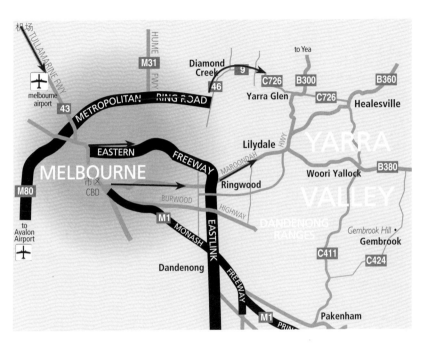

◎ 墨尔本机场出发（约1.5小时）

观光路线

往城市方向，沿着Tullamarine高速公路（43）行驶5000米，然后左转到Western Ring Road（M80），向东行驶途径Metropolitan Ring Road（M80）。

跟着Greensborough的标识，在高速公路结束的时候左转并跟着Hurstbridge（46）的标识继续前行经过Diamond Creek。

在Wattle Glen的圆盘右转到Kangaroo Ground，并进入Kangaroo Ground-Wattle Glen Road（9）。在T字路口右转到（C726），沿C726向东行驶22千米，你便进入Yarra Glen。

高速公路路线

沿Tullamarine高速公路（43）前往CBD。左转进入Flemington Road，Parkville行驶至与Princes Rd的交叉口后即进入Eastern 高速公路（83）。往Eastlink方向继续行驶。在Ringwood Bypass出口出高速，然后左转进入Maroondah Highway继而行驶至Lilydale，便到了Yarra Valley。

◎ 市区出发

首先行至Eastern Freeway，往Ringwood方向行驶。在经过Springvale Road后进入Eastlin Toolway。如果你有Eastlink或Citylink pass， 继续走Eastlink Tollway，然后穿过MullumMullum隧道——请确保走左边车道，隧道结束后直接在岔道向左转后离开隧道往Ringwood方向。向左转到Lilydale Maroondah公路。过了Lilydale之后，你可以选择到耶那山谷去探索。

🚉🚌 公共交通

在墨尔本中央车站搭乘到Lilydale的短途火车。抵达Lilydale后，有McKenzies公司的穿梭巴士抵达Yarra Glen或者Healesville。如果需要到Warburton，可搭乘Ventura公司的巴士。公共交通只能到谷内的3个小镇，如果需要在酒乡内旅行，自驾车或者包车是可选择的交通方式。

谷内驾车距离

Melbourne 到 Healesville（65千米）—60 分钟

Melbourne 到 Warburton（78千米）—80 分钟

Lilydale 到 Warburton（36千米）—35 分钟

Coldstream 到 Yarra Glen（9千米）—8 分钟

Coldstream 到 Healesville（18千米）—15 分钟

☑ TOP TIPS

热气球飞行集结时间为日出前半小时，建议旅程开始前在官网上预订需要的路线套餐。旅程前带好保暖衣物和防晒用品，请注意工作日和周末的出发地点有区别：
周末（周六/周日） 罗富酒庄（Rochford Wines）
地址：Cnr of Maroondah Hwy and Hill Rd, Coldstream
工作日（周一至五） 博尔基尼酒庄（Balgownie Estate）
地址：1309 Melba Hwy, Yarra Glen
塔拉沃拉艺术博物馆开放时间：每日11:00—17:00

雅拉谷旅游线路

Day 1

墨尔本机场 ＞ 雅拉谷

🚗 墨尔本机场 ➝ Yarra Glen
[入住、午餐] 车程：50 分钟
🚗 Yarra Glen ➝ 德保利酒庄（De Bortoli Winery,
地址：Pinnacle Lane, Dixons Creek, VIC 3775）
[观光] 车程：10 分钟

　　游客抵达墨尔本后可以选择租车服务，方便快捷地开始行程，车程 1 小时便可抵达门户小镇 Yarra Glen。从国内直飞墨尔本的航班除广州出发外，多是红眼航班，抵达 Yarra Glen 后可稍事休息。著名的家族酒庄德保利酒庄距 Yarra Glen 仅 10 分钟左右的车程，值得你在午饭前驱车前往参观。附近的巧克力冰激凌工厂也很有特色，时间宽裕的话也可以抽空参观，顺便品尝美味的冰激凌。

🏠 可在 Yarra Glen 小镇上选择酒店，午餐可以在酒店的餐厅解决，也可以到镇中心的餐厅品尝当地美味，镇上的咖啡简餐和传统餐厅都是很好的选择。

Day 2

雅拉谷

🚗 Yarra Glen ➝ 热气球观光
[观光] 车程：约 1 小时
🚗 热气球观光 ➝ 雅拉河谷乳制品工厂（Yarra Valley Dairy）[观光、午餐] 车程：约 1 小时
🚗 雅拉河谷乳制品工厂 ➝ 优伶酒庄（Yering Station）[观光] 车程：约 5 分钟

　　清晨驱车前往罗富酒庄（Rochford Wines）体验热气球飞行。这一著名的空中旅程由环球热气球公司（Global Ballooning）经营，有两条线路供游客选择：雅拉河谷线及墨尔本市区线。雅拉河谷线的起止点均设在罗富酒庄，飞行时长约 1 小时，费用约 360 澳元。旅程中还提供空中早餐服务，费用为每位 35 澳元。

　　结束空中旅行后，可驱车至雅拉河谷乳制品工厂品尝特色奶酪并享用午餐，午后可前往仅 5 分钟车程的优伶酒庄品尝美酒。

🏠 坐落在酒庄内的优伶庄园精品酒店（Chateau Yering, 地址：42 Melba Highway, Yering, Yarra Valley, VIC 3770）是性价比较高的舒适选择，如果想亲近 Yarra Glen 的小镇生活，可以下榻镇上历史悠久的 Grand Hotel in Yarra Glen 酒店（地址：19 Bell St, Yarra Glen VIC 3775）。

Day 3

雅拉谷

🚗 Yarra Glen ➝ 香登酒庄（Domaine Chandon）
[观光] 车程：约 10 分钟
🚗 香登酒庄 ➝ 橡木岭酒庄（Oakridge）
[午餐] 车程：约 4 分钟
🚗 橡木岭酒庄 ➝ Healesville
[观光] 车程：约 9 分钟

　　清晨带上行李出发，游览当地享有盛誉的香登酒庄和橡木岭酒庄。香登酒庄风景宜人，透过酒庄的大落地窗，可以欣赏山丘上广阔的葡萄园和美丽的池塘。橡木岭酒庄是极负盛名的旅游胜地，其葡萄园占地 10 万平方米，酒庄建筑风格独特。从酒庄的餐厅望去，丘陵上延绵不断的葡萄园令人心旷神怡。不妨在这里小酌一杯，享受悠闲的午后时光。

　　Healesville 野生地处雅拉河谷中心位置，是世界闻名的 Healesville 野生动物保护区（Healesville Sanctuary）所在地。游客在此可观赏生活在自然栖息地的澳大利亚野生动物，包括树袋熊、袋鼠、袋熊、鸸鹋、澳大利亚野狗、食肉鸟和鸭嘴兽等。

Day 4

雅拉谷 ＞ 墨尔本

🚗 Healesville ➝ 罗富酒庄
[早餐/午餐] 车程：约 6 分钟
🚗 罗富酒庄 ➝ 塔拉沃拉酒庄（Tarrawarra）
[午餐] 车程：约 11 分钟

　　著名葡萄酒评论家拉尔夫·凯特－鲍威尔（Ralph Kyte-Powell）曾这样形容他在罗富酒庄的体验："罗富酒庄是雅拉谷名副其实的旅游胜地之一。沿着绿树与葡萄树夹道的蜿蜒车道前行，便会来到美丽的山谷间一家高雅的餐厅、堆满酒桶的酒窖、咖啡馆，还有一片开阔的户外场地。这里有时会举办音乐会，为客人提供娱乐活动。这里的葡萄酒品质都非常好，能同时品尝到罗富酒庄雅拉谷出产的葡萄酒和马其顿山脉（Macedon Ranges）葡萄园出产的美酒。"在这里享受令人心情舒畅的一餐，无疑是旅程中的点睛一笔。

　　午后可以参观塔拉沃拉艺术博物馆（TarraWarra Museum of Art），如果时间宽裕，推荐去当地市场逛逛，一定会有意外的收获。

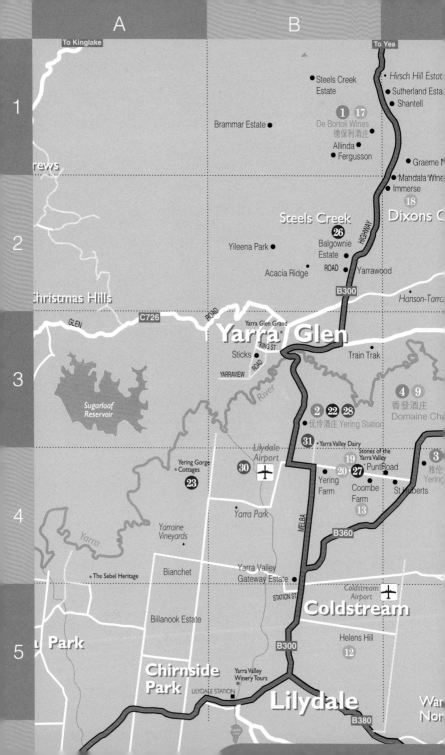

游在雅拉

　　与世界上很多著名的葡萄酒产区一样，雅拉谷也被称为"墨尔本的后花园"，而其为世人所熟知也多是因此。作为澳大利亚最古老也最著名的葡萄酒酒乡，谷内汇集了各式美食和美酒。顾名思义，雅拉谷既然被称为山谷，必然有绵延不断、高低起伏的山岭，而山岭上的片片葡萄田则随着季节的更替而幻化出一个个葡萄酒的童话，成为谷内一道亮丽的风景。每逢4月的收获季，空气中充满了美酒的香甜气息，即使闻闻也是醉了。热爱葡萄酒的人往往也是热爱生活的人，雅拉谷内的文化活动场所也很丰富，有古老塔楼改造成的精品酒店，有各种充满酒乡气韵的画廊，有从古典穿越到现代且堪称世界顶级水准的酒庄建筑，更有独属于山谷内的历史遗迹。雅拉谷作为世界知名的气候凉爽葡萄酒产区，宛若一位优雅至极的名门淑女，一颦一笑间却又散发出一种属于质朴少女的气韵，令人折服。

❖ **重点推荐**

🍷 **德保利酒庄 ❶**
秉承"锐意进取"（M-B1）

【略知一二】

酒庄名称：德保利酒庄（De Bortoli Wines）
创建时间：1928年
座 右 铭：锐意进取
创 始 人：维托里奥·德保利和杰索菲娜·德保利夫妇
庄　　主：琳妮·德保利和她的丈夫斯蒂文·韦伯
电　　话：03 5965 2271
网　　站：www.debortoli.com.au
地　　址：Pinnacle Lane, Dixons Creek VIC 3775, Australia
酒窖开放时间：每日10:00—17:00
餐厅开放时间：周四至周一从12:00开始提供午餐；周六从18:30开始提供晚餐

【古往今来】

　　1924年，24岁的维托里奥·德保利离开意大利，来到澳大利亚这片大陆寻找新的生活。抵达墨尔本后，他只剩下几件衣衫、几个先令、无限的乐观和做苦工的能力。

　　1927年，维托里奥用积蓄买下了格里菲斯（Griffith）附近Bilbul的22万平方米的果园。他的未婚妻杰索菲娜的弟弟乔凡尼也从法国赶来澳大利亚，协助维托里奥。现在，Bilbul依然是这个家族葡萄酒生意的总部所在地。

　　1928年，葡萄种植过剩，维托里奥无法售尽他的葡萄，这促使他开始酿造自己的佐餐葡萄酒。喝葡萄酒佐餐是欧洲的一种传统，但是在20世纪20年代，在滨海沿岸（Riverina）和附近的路斯格兰，酿酒仅限于生产加强酒精型葡萄酒，如波特酒（Port）和托卡伊葡萄酒（Tokay）。维托里奥是喝着佐餐葡萄酒长大的，没有好的餐酒让他难以接受，所以，他开始为家人和朋友酿些餐酒。这种有冒险意义的酿酒探索，最终扩大为他生意的核心。

1929年，杰索菲娜和维托里奥成婚。当维托里奥经营农场时，杰索菲娜在当地学校实行英文和法文的课程交换，从事一些书籍的研究工作。这让她拓展到法国酿酒的书籍中去，并为维托里奥翻译。而且他们有了3个孩子：福洛丽、迪恩和爱奥拉。在20世纪30年代的时候，这个家庭已经成为其他意大利移民的朝拜圣地了。

第一批压榨是在1928年，有15吨的Shiraz，装入两个900加仑的大罐里。到1936年时，已经扩大到20个2.5万加仑的容量罐了。德保利家族的生意挺过了经济萧条期和艰难的战乱年代。1952年，这对夫妇15岁大的儿子迪恩加入了家族生意。迪恩是一个梦想家，看到葡萄酒作为一种大众饮品的潜力后，他勤勉地工作以提高生产力。到1959年，他已经将酒厂的产量提高到110罐（79.5万加仑）。

1979年，维托里奥逝世，两个女儿继承了悉尼的资产，迪恩继承了Bilbul的酒厂。迪恩整合并扩展了家族企业，如今这家公司已成为澳大利亚第六大葡萄酒公司和出口商。迪恩于2003年10月26日离世，以其谦卑之怀、慷慨之心和对澳大利亚葡萄酒行业的卓越贡献而被世人爱戴、敬仰。

迪恩的子女（德保利家族的第三代）创立了德保利高级葡萄酒品牌，即贵族一号甜白（Noble One）、墨保（Melba）、雅拉谷庄园（Yarra Valley Estate Grown）和雅拉谷珍藏（Yarra Valley Reserve Release）。目前，酒庄在3个地区设有酿酒厂：新南威

尔士州的滨海沿岸（Riverina）以经典甜葡萄酒贵族一号而驰名；新南威尔士州猎人谷（Hunter Valley）则以赛美蓉和设拉子的独特品性和质量而驰名；维多利亚州的雅拉谷在维多利亚州东北部山区的国王谷（King Valley）拥有大规模葡萄园，并因出产美味的欧洲口味葡萄酒而赢得美誉。

　　戴伦·德保利和琳妮·德保利的丈夫斯蒂文·韦伯负责管理酿酒业务。戴伦于1982年研制出世界知名的贵族一号伯蒂斯赛美蓉葡萄酒，斯蒂文·韦伯则于1987年创立了著名的德保利雅拉谷品牌。

【神醉心往】

德保利的酿酒哲学："佳酿源自于葡萄园。对葡萄园的充分了解将给葡萄质量和生长环境带来重要的影响。以崇尚生物动力原则为方向，研究葡萄栽培，葡萄藤的选址、生长，都是至关重要的因素。与此同时，单品种葡萄园日益受到关注。"

在葡萄园，减少人工干预和"最难是无为"的理念更体现了这种信念。酒庄酿酒师与葡萄栽培师努力制造的葡萄酒需要特立独行、不拘一格，但却能坚持历史传承，展现独特的地域感。德保利的酿酒团队携手合作，创造出风格大相径庭的葡萄酒，以完美表达出不同区域的特性。德保利坚信，葡萄酒能够反映地区和气候特点，是风土条件的呈现。

家族座右铭"锐意进取"是德保利家族价值观的基石。德保利始终致力改进葡萄酒质量，坚持履行在环保以及其他领域的承诺。作为家族式企业，德保利为家族的传承而深感骄傲，并决心将可持续发展的酒庄传给下一代。

优伶酒庄 ❷
携维多利亚州迈古越今 (M-B3)

【略知一二】

酒庄名称：优伶酒庄（Yering Station）
创建时间：1838年
创 始 人：Ryrie家三兄弟（William、Donald和James）
庄　　主：Rathbone家族
电　　话：03 9730 0100
网　　站：www.yering.com
地　　址：38 Melba Highway, Yarra Glen, VIC 3775, Australia
酒窖开放时间：周一至周五10:00—17:00；周末10:00—18:00
餐厅开放时间：每日午餐

【古往今来】

1837年，出生于苏格兰的Ryrie三兄弟（William、Donald和James）从新南威尔士州出发，跋山涉水来到雅拉谷，在以土著人命名的优伶地区定居下来。Ryrie三兄弟于1838年在优伶地区种下了第一棵葡萄树，最初采用德国汉堡的黑葡萄和一种被称为"甜水"的白葡萄，并于1845年出产了维多利亚州第一批葡萄酒佳酿。

到1850年，在产的葡萄园已达4000平方米之多。当Paul de Castella到访此地，商谈购买优伶酒庄一事时，Donald Ryrie已经开创了自己的葡萄酒品牌，美其名曰"优伶庄园（Chateau Yering）"，并以此盛情款待这位即将上任的新庄主。

新庄主Paul de Castella将优伶酒庄发展壮大为维多利亚葡萄酒酿造业的卓越典范。1861年，优伶酒庄赢得Argus金杯，成为维多利亚州的最佳酒庄。而Paul de Castella最大的成功是在1889年的巴黎世界博览会上，优伶酒庄的葡萄酒一举获得Grand Prix大奖，成为南半球唯一获此殊荣的佳酿。

19世纪90年代末期，经济萧条之后，饮食潮流开始发生变化，餐酒的需求大幅下降。一个个葡萄园开始拔掉葡萄藤，取而代之的是畜牧场的开发，特别是发展乳业。1896年，Paul de Castella将优伶庄园转手出售。直至20世纪60年代末期，雅拉谷的葡萄酒庄园才重整旗鼓。

在Ryrie兄弟时代，优伶庄园已经扩建，占地704平方千米，覆盖了几乎整个雅拉谷地区，以及其北边的Tarrawarra和Dairy地区。在Paul de Castella作为庄主的初期，他一直居住在Ryrie兄弟的住所，直到1854年才新建了一所豪华宅邸，也就是如今的优伶庄园酒店。这座宅邸成了雅拉谷的社交中心，社交名流们自墨尔本来到雅拉谷欢度周末，他们经常在这里举行各种聚会和活动，包括特地运送钢琴至此举办音乐会。

Paul de Castella离世之后，该酒庄曾数度易手，直至1996年由Rathbone家族收购后，才再度成为家族酒庄。Rathbone家族买下了这个酒庄，重新整顿了硬件设备，同时聘请了极具天分的酿酒师Tom Carson。

Tom Carson从小受到喜欢葡萄酒的父亲影响，念书时选择了著名的Roseworthy Agricultural College去攻读酿酒学，毕业后，他在多处知名的澳大利亚酒庄实习历练，积累了许多宝贵的实务经验。酿酒师Carson先生对黑比诺情有独钟，投注了许多心力，2002年在伦敦国际酒展中夺得"全球最佳黑比诺"大奖。由Carson先生领导的团队让优伶酒庄的表现非常耀眼，在澳大利亚本地和世界各地屡获殊荣。

优伶酒庄除了生产以Yering Station命名的葡萄酒外，还拥有一个在1983年开始种植的新葡萄园，名为Yarra Edge，可酿造出极优异的单一葡萄酒黑比诺、赤霞珠和霞多丽，以Yarra Edge品牌出售，是比Yering Station高一级的产品。至于产量极少的珍藏级（Yering

Station Reserve），并不是每年都生产，要最好的年份才酿造。

优伶酒庄的产品完全使用雅拉谷本地的葡萄来酿制。酒庄在1988年重新种植了8万平方米的葡萄园，1996年又种植了40万平方米，目前旗下已经拥有将近110万平方米的葡萄园，分布于雅拉谷的5个园区，优良的老树果实会被用来酿造Reserve的酒款。总管葡萄园事务的是John Evans，他对雅拉谷各处葡萄园的特性相当了解，他会依据葡萄园的特性去控制产量，让葡萄发展出最佳的风味。

优伶酒庄仍拥有1859年就建成的旧酒厂，其历史悠久的谷仓被维多利亚州政府列为历史文物。同时，酒庄在艺术品、建筑以及葡萄酒旅游开发方面也颇有建树。

如今的优伶酒庄已更新了整套现代化的酿酒和生产设备，拥有自己的酒店和餐厅，被誉为雅拉谷最老但最美丽的酒庄，是爱酒人士必到的旅游点。酒庄的新建筑取名为"良石（Good Stone）"，差不多已成为雅拉谷的标记，内设酿酒厂、酒吧、餐厅和齐备的旅游娱乐设施。

【神醉心往】

　　优伶酒庄首席酿酒师Willy Lunn有着超过25年、在不同凉爽气候产区的酿酒经验，是国际葡萄酒行业的顶尖酿酒师之一，于2008年加入优伶酒庄。Willy Lunn相信在雅拉谷可以酿出非常优秀的黑比诺，并为此投入了很多的热情。黑比诺葡萄不除梗，整串压榨之后在开放温控的不锈钢罐中发酵，部分酒汁的发酵采用野生酵母以获取更多的复杂性，在发酵的过程中，采用人工的方式压碎酒帽，发酵之后在小型的法国橡木桶中熟化，其中部分是新橡木桶。

　　酿酒师Willy Lunn追求的是干净的果味和瓶中风土的重现，所以更倾向于采用500mL法国小橡木桶，并慎用新桶，将橡木带来的香草、烘烤等气息控制在若隐若现的程度。

　　优伶酒庄非常重视增加葡萄园及周围动植物的群落，他们在葡萄园里构建"自然植物走廊"来促进葡萄园的生物多样性。近40年来，优伶酒庄坚持采用可持续的葡萄种植方式，来保证葡萄园土壤的健康和自然，以收获更加平衡的葡萄果实，酿造高品质的葡萄酒。

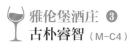

雅伦堡酒庄 ❸
古朴睿智（M-C4）

【略知一二】

酒庄名称：雅伦堡酒庄（Yeringberg）
创建时间：1863年
座 右 铭：只选自家优产葡萄，只用古法手工酿制，只做精品葡萄酒
创 始 人：拜伦·弗雷德里克·纪尧姆·迪普瑞

庄　　　主：桑德拉·迪普瑞
电　　　话：03 9739 0240
网　　　站：www.yeringberg.com
地　　　址：810 Maroondah Highway, Coldstream, VIC 3770, Australia
酒窖开放时间：需要预约。每年5月开放一周

【古往今来】

　　瑞士贵族迪普瑞家族于1862年从瑞士移民来到澳大利亚，拜伦·弗雷德里克·纪尧姆·迪普瑞于1863年创建雅伦堡酒庄。1921年，雅伦堡出产第一批葡萄酒，拜伦的波尔多风格佳酿在伦敦、巴黎、波尔多、加尔各答、旧金山等众多国际葡萄酒展中屡获金牌。

　　雅伦堡是维多利亚州雅拉谷最杰出的酒庄之一，也是维多利亚州唯一仍然保存在创始家族手中的酒庄。庄园内最初兴建的、颇为壮观的两层木结构酿酒厂和地下酒窖仍然保存完好。整个设计遵循18世纪末法国波尔多古堡的工艺流程，使用重力学送料，葡萄从破碎、发酵到熟成，无须使用任何压力泵，目前被列为澳大利亚国家级保护建筑。

　　第一次世界大战之后，霜霉病和八哥鸟的破坏以及全世界对澳大利亚餐酒的需求下降，导致了雅拉谷葡萄园的消亡。1921年，雅伦堡亦未能幸免，成为雅拉谷最后一批忍痛拔掉葡萄藤的大型庄园。雅拉谷的葡萄酒工业一度萧条，直到20世纪六七十年代才开始复兴。

　　1969年，雅拉谷葡萄工业的复兴先锋——家族第三代传人贵尔·迪普瑞在他祖父一个多世纪前选取的东北斜坡上开始重建雅伦堡葡萄园。现在，这块雅拉谷最古老、最珍贵的葡萄园仅年产1200箱雅伦堡葡萄酒。贵尔拥有生物化学的博士学位，他始终坚持酿造能忠实反映葡萄园风土条件的雅伦堡酒，从不受任何酒评家和高分酒风格的影响。这种特立独行和独树一帜，反倒赢得了众多酒评家对雅伦堡的喜爱。雅伦堡还生产极佳的黑比诺、霞多丽及玛珊瑚珊珊白葡萄酒，简直就是澳大利亚大陆上不可多得的瑰宝。

现任庄主兼酿酒师桑德拉·迪普瑞是酒庄的第四代掌门，毕业于Charles Sturt University葡萄酒科学专业的她游历世界各地重要的葡萄酒产区，还曾经在波尔多等地从事过酿酒工作，在成为家族酿酒师之前，她还是个资历颇深的大厨，并且在很多国家的高档餐厅担任过主厨。她有句话非常好地传达了她作为酿酒师的理念："做厨师的时候，我每天都有两次给客人提供自己作品的机会，但作为酿酒师，我必须抓住每年唯一的机遇。"

如今，贵尔和女儿桑德拉是酒庄的酿酒师，贵尔的儿子大卫是葡萄种植师和农场经理，贵尔的妻子凯瑟琳则管理着酒庄销售。雅伦堡酒庄绝对是一个不折不扣、古香古色的家族酒庄。

【神醉心往】

性情温和的桑德拉·迪普瑞传承了父亲低调的性格。作为迪普瑞家族第四代酿酒师，桑德拉的酿酒哲学非常简单，只用自己家族庄园种植的优产葡萄，只用古法手工酿制，只做品质最好的葡萄酒。

雅伦堡酒庄的葡萄酒全部采用本庄园种植的葡萄酿造，因此很稳定地反映了地域、气候、葡萄藤的特征。庄园的葡萄藤修剪、采摘均由手工完成，酿造过程则尽可能减少人为干预，保持葡萄的天然特色，并且选取最好的法国橡木桶窖藏。从葡萄园到瓶中酒，每一瓶雅伦堡都凝聚了家族成员的全部心力，体现了精益求精、追求完美的家族荣耀。

雅伦堡酒庄只生产有窖藏潜力的精品葡萄酒，得到了很多高端葡萄酒鉴赏家的欣赏，是藏家优选之作。这种只做精品葡萄酒的家族传统自100多年前弗雷德里克爵士创建雅伦堡开始，始终如一。

其他酒庄

香登酒庄 ❹
DOMAINE CHANDON （M-C3）

推荐理由：

　　由法国著名的香槟公司酩悦香槟（Moet &Chandon）在1986年建立，开创了雅拉谷酿制优质气泡酒的历史纪元，深深影响了整个澳大利亚的葡萄酒产业。另外，香登酒庄因其独特的酒庄设计被称为雅拉谷的必到之地，同时也是世界公认最出众的美酒旅游体验目的地之一。香登酒庄能够从有趣的角度让你深入了解气泡葡萄酒和静止葡萄酒的生产过程。尤其值得一提的是，香登酒庄的餐厅每天均有午餐供应，而且菜单是为搭配香登酒庄的气泡葡萄酒和静止葡萄酒精心设计的。

🏠：727 Maroondah Highway, Coldstream VIC 3770

@：http://chandon.com.au/

☎：03 9738 9200 / 03 9738 9245（Greenpoint Brasserie and Bar）

酒窖开放时间：每日 10:30—16:30

罗富酒庄 ❺
ROCHFORD WINES（M-D3）

推荐理由:

　　"罗富酒庄是雅拉谷名副其实的旅游胜地之一。沿着绿树与葡萄树夹道的蜿蜒车道前行，便会来到美丽的雅拉山谷间一家高雅的餐厅、堆满酒桶的酒窖、咖啡馆，还有一片开阔的户外场地。这里有时会举办音乐会，为客人提供娱乐服务。这里的葡萄酒品质都非常好，能同时品尝到罗富酒庄雅拉谷出产的葡萄酒和马其顿山脉（Macedon Ranges）葡萄园出产的美酒。"

　　——Ralph Kyte-Powell（澳大利亚著名的葡萄酒评论家和专栏作家）

　　罗富酒庄致力向游客展现酒庄的酒窖、餐厅、咖啡馆以及系列音乐会，为游客提供超乎想象的热情服务。

　　酒窖内有各式获奖的葡萄酒供您品尝，您可以选择时令菜肴来搭配美酒，或在咖啡馆里享用一顿清淡但不失美味的午餐，同时还可远眺美丽的葡萄园和绵延的山脉。当然，您还可以选择来这里欣赏夏季音乐会（请登录网站查看音乐会日期）。

🏠: 878-880 Maroondah Hwy Coldstream VIC 3770 Melways: 277 D9

@: http://www.rochfordwines.com.au/

☎: 03 5962 2119

酒窖开放时间: 每日9:00—17:00

塔拉沃拉酒庄 ❻
Tarrawarra（M-D3）

推荐理由:

　　作为新酒庄的代表，塔拉沃拉酒庄在很大程度上代表了雅拉谷的新生力量以及现代雅拉谷的生活理念。坐在山坡上，俯视郁郁葱葱的山谷，造型类似古罗马神殿的塔拉沃拉酒庄主建筑和周围的葡萄田奇妙地对冲而又和谐着。在恢宏的建筑墙体的怀抱中，是名声在外的塔瓦艺术博物馆，里面展出的作品均出自澳大利亚本土艺术家。参观结束后，出门转弯就是一个精美的餐厅，周二到周日供应午餐，本地食材搭上塔拉沃拉酒庄的葡萄酒，一望无垠的葡萄田尽收眼底，慵懒的午后时光就这样流逝在唇齿舌尖。

🏠: 311 Healesville-Yarra Glen Road, Yarra Glen 3777, Melway Ref Map 277 B2
@: http://www.tarrawarra.com.au/
☎: 03 5957 3510
酒窖开放时间：周二至周日11:00—15:00

你知道吗？

    詹姆斯·哈利德（1938— ），澳大利亚泰斗级葡萄酒评论家和葡萄酒专栏作家。其代表著作《澳大利亚葡萄酒指南》有"澳大利亚葡萄酒圣经"之说，是澳大利亚最具权威性的葡萄酒年度书籍。
    红五星酒庄：定期生产优质的葡萄酒，至少有两款葡萄酒评分在94分以上，连续两年被评为五星酒庄。
    2015年雅拉谷的红五星酒庄

Coldstream Hills	冷溪山酒庄
De Bortoli	德保利酒庄
Domaine Chandon	香登酒庄
Mount Mary	玛丽山酒庄
Oakridge Wines	橡木岭酒庄
Seville Estate	塞维尔酒庄
Tarrawarra Estate	塔拉沃拉酒庄
Yarra Yering	雅拉优伶酒庄
Yering Station	优伶酒庄
Yeringberg	雅伦堡酒庄

2015年共235个红五星酒庄，占澳大利亚总酒庄数的8.4%。

吃在雅拉

如今，葡萄酒已经进入普通人的生活，但多数人却往往不知道葡萄酒的本名是佐餐酒。顾名思义，脱离了美食的葡萄酒就宛如没有灵魂的精灵。美食与美酒的天生绝配使得各大酒乡成为世界名厨的聚集地，更奠定了葡萄酒乡在美食与美酒界的江湖地位。或是汇集名厨的精品餐厅，或是本土厨师的精心出品，或仅仅是酒庄里面开辟的一个小小角落，美食与美酒的故事水乳交融般在雅拉谷内上演着。

B360 高速沿线美食

❖ 重点推荐

⑦ Healesville 酒店餐厅 ✗ ⊨一（M-D3）

Healesville酒店位于小镇的正中心，临街而立的朴素白色建筑犹如一位优雅的女长者，岁月留在她身上的印迹早已超越了容貌上的变化，更多的是你无法抗拒的独特魅力。复古金属的屋顶，铺了波斯地毯的木质地板，冬日坐在临街的酒吧里，烘烤着暖暖的壁炉，或独酌，或小聚。而暖暖的下午或逐渐散尽热气的夏日晚上，更多的人则喜欢坐在酒店后院的花园内，开上一瓶雅拉谷的葡萄酒，肆意地消磨幸福的时光。

穿过左手的吧台，就是著名的Healesville酒店餐厅了。在Healesville酒店餐厅入选澳大利亚著名美食指南"Age"的雅拉谷最佳餐厅时，Age不吝赞美之词，给出 "开创了雅拉谷美食美酒体验新纪元"的获奖评语。由此可见餐厅在使用本地食材烹饪方面的功力。更不得不提的是Healesville酒店餐厅的酒单曾多次入围澳大利亚国内甚至国际最佳餐厅酒单。通俗来说，如果您在雅拉谷逗留的时间只能享用一餐，而又想一窥雅拉谷葡萄酒的风味，那Healesvile餐厅会是您的最佳选择。28页长的葡萄酒酒单几近完美地诠释了世界葡萄酒的多样性和本地葡萄酒的特色，彰显了作为著名酒乡餐厅在葡萄酒甄选方面的功底和造诣。另外值得一提的是，如果您在丰盛的晚餐后尚觉得意犹未尽，餐厅的酒吧里提供类似葡萄酒零售的服务，价格往往是雅拉谷内最好的，您可以放心地选上一瓶，回到酒店继续您当日未完的美酒舌尖之旅。

Healesville 酒店

🏠: 256 Maroondah Highway, Healesville

☎: 03 5962 4002

✉: info@healesvillehotel.com.au

餐厅和酒吧：中午12:00—21:00，每周7天营业，不需要订位。

Harvest Café：早餐和午餐，每天营业。

The Dining Room：每周7天营业，开放午餐和晚餐。周一到周四为常规菜单，周末为套餐。周末建议订位，周一到周四一般不需要订位。

Kitchen & Butcher

☎: 03 5962 2866

🏠: 258 Maroondah Highway, Healesville VIC Australia 3777

✉: admin@kitchenandbutcher.com.au

@: www.yarravalleyharvest.com.au

☑ TOP TIPS

　　Healesville酒店属于Yarra Velly Harvest集团，集团旗下还有一家"Harvest Café"，和酒店在一起，提供早餐和午餐，均为新鲜的本地食材和新鲜烘焙。Kitchen & Butcher则专注于销售当地的特产食物，新鲜而品类齐全，是本地人采购食材的首选之地，也是了解雅拉谷当地饮食特色的绝佳窗口，位于酒店隔壁。集团旗下还包括不同类型的住宿，将在后面的"住在雅拉"里详述。

8 Oakridge 酒庄 🍴❌ （M-C3）

由曾经设计过英国巨石阵游客中心的著名澳大利亚设计公司The Denton Corker Marshall设计的Oakridge酒庄，是Maroondah高速公路很难错过的一个类似地标的建筑。酒红色的巨大"矩形盒子"悬浮在空中，下面长长的主建筑是Oakridge酒庄的品酒商店、餐厅和宴会厅。大面积的落地玻璃窗让整个建筑更像是一个巨型的玻璃房，无论客人坐在什么位置，都可以从不同的角度欣赏连绵的葡萄田。

Oakridge餐厅主厨Jose Chavez根据时令和Oakridge葡萄酒的风味设计了极具雅拉谷特色的菜单，令Oakridge餐厅常常出现在澳大利亚各大美食杂志的排行榜上。

🏠 ：864 Maroondah Highway, Coldstream

☎：03 9738 9900

营业时间：午餐每天开放，周一到周五点单。周末提供午餐套餐，有两道菜的套餐（50澳元／人）和三道菜的套餐（60澳元／人）可供选择

预订：官网在线预订或者电话预订

@：http://www.oakridgewines.com.au/

⑨ 香登酒庄绿点餐厅（Domaine Chandon's Greenpoint Brasserie）❌ 🍴 （M-C3）

作为雅拉谷的形象和旗舰酒庄，香登酒庄每天的游客络绎不绝，也使得酒庄的绿点餐厅成为谷内最繁忙的餐厅之一。餐厅由室内和室外两部分组成，270°的宽阔视野，如长镜头般从远处的雅拉谷拉近到近处的葡萄田，让人大饱眼福。因为香登酒庄成名于其气泡酒，所以餐厅提供可以搭配气泡酒的特殊套餐菜单，这也是餐厅的独特之处。

🏠：727 Maroondah Highway, Coldstream
☎：03 9738 9200
营业时间：Tasting Bar：每日开放，10:30—16:30；The Brasserie：每日开放，周一至周五12:00—16:00，周六、周日11:00—16:00
餐厅预订：官方网站预订或者电话预订。户外座位不接受预订
@：http://chandon.com.au/the-winery/greenpoint-brasserie.html

⑩ 罗富酒庄伊莎贝拉餐厅（Isabella's at Rochford Wines）❌ 🍴 （M-D3）

伊莎贝拉餐厅位于另一个在雅拉谷很受欢迎的酒庄——罗富酒庄，也是经常出现在各种美食杂志上的餐厅。和大多数酒庄餐厅一样，美丽的葡萄田视野永远是餐厅最大的特色。除此之外，伊莎贝拉餐厅更多了一些艺术特色，无论是室内空间还是室外空间，都基本上是雅拉谷最大的空间，尤其户外，雕塑散落在餐厅前的绿地上，和葡萄田浑然一体，是各位艺术家和展商最喜欢的场所。夏日的晚上，春天的下午，不经意间你就会邂逅一场葡萄田里的音乐会。另外值得一提的是，伊莎贝拉餐厅是山谷内为数不多的能够提供早餐的餐厅，所以在热气球之旅结束后，饱览山谷美景的游客们往往会选择来伊莎贝拉餐厅吃早餐，这也渐渐成了一些热气球旅程的常规项目。

🏠：878-880 Maroondah Highway
☎：03 5957 3333
营业时间：周一到周日每天营业，9:00—15:30。节假日不休息。
早餐：周一到周日， 9:00—11:00；
午餐（咖啡和餐厅）：周一到周日， 11:45—15:00
预订：官网预订或者电话预订。周一到周六菜单相同，周日和节假日有特别的菜单
@：http://www.rochfordwines.com.au/

⑪ **塔拉沃拉酒庄餐厅（Tarrawarra Estate Restaurant）**✖🍷 （M-D3）

不同于雅拉谷内其他的著名酒庄餐厅，塔拉沃拉酒庄餐厅的风格更为亲切、温馨。但这丝毫不影响其吸引来自四面八方的美食美酒饕客们。主厨Robin Sutcliffe不但严格管控厨房的食材均为采自当地的新鲜食材，而且还在酒庄里亲自照料私家菜园。

除了美食和美酒以外，塔拉沃拉酒庄还吸引着无数的艺术爱好者和建筑爱好者。品酒商店和餐厅所在的建筑全名为塔瓦艺术博物馆，如神殿般屹立于整个酒庄庄园的最高点，俯瞰整片葡萄田以及连绵起伏的雅拉山脉。开张于2004年的艺术博物馆专注的是澳大利亚当地艺术，整个建筑采用的风格也是以凸显本地风貌为主题。建设过程中开采的石材被巧妙地应用在博物馆建筑中，不经意间随处可见。

🏠：311 Healesville-Yarra Glen Road, Yarra Glen 3777

☎：03 5957 3510

营业时间：周二到周日提供午餐，12:00—17:00

预订：官网预订或者电话预订

@：http://www.tarrawarra.com.au/

其他美食

⑫ Vines Restaurant at Helen's Hill Estate ❌（M-B5）

特点：完美的用餐环境，在葡萄树下欣赏雅拉谷的景色。

营业时间：周四到周日提供午餐；周四到周六提供晚餐；周日提供早餐

🏠：16 Ingram Road, Coldstream　☎：03 9739 0222

@：http://vinesrestaurant.com.au/

⑬ Coombe – The Melba Estate ❌（M-B4）

特点：餐厅按季节时令更新菜单，食材由酒庄种植原产。

营业时间：周一到周四，10:00—17:00；周五到周日，9:00　17:00

🏠：673-675 Maroondah Highway, Coldstream　☎：03 9739 0173

@：http://coombeyarravalley.com.au/site/

⑭ Soumah of Yarra Valley's Trattoria d'Soumah ❌🍷（M-D4）

特点：这家餐厅提供极具特色的意大利北部菜单。周四到周日提供全套菜单，周一到周三提供简餐菜单。

营业时间：10:00—17:00

🏠：18 Hexham Road, Gruyere　☎：03 5962 4716　@：http://soumah.com.au/

⑮ Innocent Bystander Cellar Door ❌🍷（M-D3）

特点：我们的理念是美酒必须配佳肴。快来海利斯费德中部发现我们用心浇灌的餐厅和酒窖吧！

营业时间：每周7天，9:00—21:00

🏠：336 Maroondah Highway, Healesville VIC 3777　☎：03 5962 6111

@：www.innocentbystander.com.au/

⑯ The Kitchen at Boat O'Craigo ❌（M-E2）

特点：提供一系列的比萨和开胃菜，食材均是当地最佳出品。坐拥美丽的葡萄园风光，享受精美的食物和葡萄酒。

营业时间：周五到周日，12:00—16:00

🏠：458 Maroondah Highway, Healesville　☎：03 5962 6899

B300 高速沿线美食

❖ 重点推荐

⑰ De Bortoli Yarra Valley Estate ✕（M-B1）

　　熟悉意大利语的朋友可能在看到餐厅名字时就会想到这个餐厅与意大利的关联。的确如此，德保利家族不仅仅在雅拉谷，在澳大利亚全国都以其意大利裔而著名。关于家族的故事在本书前面的章节中已经有详细叙述。尽管Locale餐厅菜系是以意大利菜为主，但是无论是食材还是配料，Locale餐厅都坚持奉行本土、时令和有机的宗旨。

　　坐在Locale餐厅里面环顾四周，整个餐厅装饰透着朴素大方的气息，铺在地板上的半旧地毯以及挂在墙上的德保利家族的老照片，在昏黄的灯光下，仿佛低声诉说着一些古老的故事。值得一提的是Locale餐厅在每周六开放晚餐，这在雅拉谷内是很少见的。

🏠 ： Pinnacle Lane, Dixons Creek
☎ ： 03 5965 2271
开放时间：周四到周一，12:00开放午餐；周六18:00开放晚餐
预订：官网预订或者电话预订
@： www.debortoliyarra.com.au

其他美食

⑱ Mandala Wines ✕（M-C2）

特点：专业的厨师团队，新鲜的本地食材，季节性更新菜单。
餐厅营业时间：周三到周日提供午餐，周六提供午餐和晚餐
酒窖营业时间：周一到周日
🏠 ： 1568 Melba Highway Dixons Creek Yarra Valley Victoria 3775
☎ ： 03 5965 2016　　@： www.mandalawines.com.au

◆ 雅拉谷特别推荐

雅拉谷内的美食美酒殿堂——褐石

改建于一个经历了几代风雨而幸存下来的陈旧谷仓遗址上，褐石已经成为雅拉谷内最高大上的美食美酒目的地。除了其独特的历史遗迹以及堪称无敌的酒乡山谷美景外，褐石的江湖地位还来源于其里面的两家顶级餐厅——谷仓餐厅和马厩餐厅。无论是谷仓餐厅还是马厩餐厅，其精湛的厨艺、新鲜的时令食材、获奖无数的酒单以及星级的服务都屡次进入各大美食美酒杂志的排行榜，吸引着来自墨尔本、澳大利亚乃至全世界的美食美酒爱好者们驱车前往，人气爆棚。所以提前订位也变得十分必要，避免在到达时只能"望座而叹"！

🏠：14 St Huberts Road, Coldstream ☎：03 9739 0900
@：http://www.stonesoftheyarravalley.com/

⑲ 谷仓餐厅 ✗（M-B4）

谷仓餐厅是褐石最大的餐厅，可同时容纳180位客人。但奇妙的是在餐厅改建的时候，聪明的设计师使用了近乎全面积的玻璃建材将整个餐厅的视野彻底打通，无论坐在哪个座位，都可以欣赏到餐厅周围的葡萄田一直绵延到与远处的蓝天白云相连的景象。独特的风格使谷仓餐厅成为雅拉谷最受欢迎的婚礼、小型音乐会以及其他聚会的举办场所。

营业时间：

午餐：每天中午12:00开始；周六正常菜单，周日套餐，包括两道菜套餐（60澳元／人）和三道菜套餐（75澳元／人）。周六8人以上（含8人）订位，需要选择套餐，收费标准同周日午餐套餐。

⑳ 马厩餐厅 ✕ （M-B4）

改建于19世纪后期的农场马厩。今天的马厩餐厅温馨而精致，可以同时容纳40位客人，远远超出其缔造者Kevin McCloud的意料。惹眼的红砖墙和粗犷的木条构成了马厩餐厅的整体结构，也暗示了此处建筑的本来模样和用途。马厩餐厅的厨师队伍在雅拉谷内堪称一流。翻开主厨Hugh Davison的履历，不乏世界著名餐厅，包括伦敦的 Kitchen w8和美国伯克利的Flemings Mayfair & Marcus Wareing。 在主厨的带领下，餐厅的菜单每周都会彻底更新，完全根据时令下能够采购到的新鲜本地食材来制定。

营业时间：周五、周六开放晚饭，19:30开始；周六、周日开放简餐午餐，12:00开始
预订：电话预订或者邮件预订
✉：info@stonesoftheyarravalley.com

☑ TOP TIPS

在褐石，除了谷仓餐厅和马厩餐厅外，还有一个礼堂，是举办婚礼和其他小型活动的绝佳场所。具体信息可以参照褐石的官方网站：

http://www.stonesoftheyarravalley.com/

另外值得一提的是，在褐石的隔壁新开放了一家可以住宿的精品酒店，同属于一家公司，名字叫Meletos，在后面的"住在雅拉"中会详细介绍。

住在雅拉

❖ 重点推荐

㉑ Healesville 酒店 —— 文艺小镇上的田园生活 🏠 （M-D3）

坐落在Healesville小镇中心的Healesville酒店，改建于一栋1910年的老建筑。在改建过程中，最大限度地保留了老建筑的特色，大面积的白色外观，配以墨绿色的窗框，诉说着岁月遗留的沧桑。酒店共有7个房间，设计风格简约而时尚。设计师根据每个房间的形状和大小采用了不同的设计方案，但都采用了大胆的亮色墙体颜色。这里需要提醒大家的是，因为老建筑空间的限制，房间内没有独立的浴室，只在走廊一端有3个公共浴室供大家轮流使用，所以如果计划入住古老的Healesville酒店，记得要把浴袍放入行李箱。

☑ TOP TIPS

与住在酒庄相比，住在小镇上的性价比往往更高也更便利。Healesville酒店的房价参考标准为：周一至周四，标间为每晚110澳元，大床房为每晚120澳元；周五至周日，标间为每晚130澳元，大床房为每晚140澳元。但是值得注意的是，房价会因为预订情况而调整，旺季的周末会升到每晚300澳元左右。具体的房价请到酒店的官网实时查询。https://apac.littlehotelier.com/properties/yarra-valley-harvest

因为只有7个房间，而且这家酒店很受欢迎，所以要尽早订房。如果通过酒店官网或者电话直接订房，酒店会预收全额房款。具体信息参照酒店官网的住宿部分：http://www.yarravalleyharvest.com.au

如果想彻底逃离城镇生活，深入酒乡腹地体验一下幽静的田园时光，与Healesville同一集团的Harvest Farm 和Furmtson House会是两种不同风格的选择。Harvest Farm毗邻该地区最著名的景点Healesville避难所，由两座旧农舍改建而成，充满现代田园气息。每座农舍有两间大床房和一个种有玫瑰花、菊花和老橡树的花园。农舍价格也会根据淡、旺季以及周末而有较大幅度的调整，从200澳元到350澳元不等。在旺季的周末还会有至少预订两个晚上的要求，具体的信息需要在出行前仔细参考农舍的官网：
https://apac.littlehotelier.com/properties/yarra-valley-harvest

　　与Healesville酒店和Harvest Farm相比，Furmtson House更为现代化。坐落在酒店后面的山坡上，颇有闹中取静的意味。Furmtson House有三个独立的大床房，既可以整体出租，也可以分拆入住，具体要根据预订的状况而定。与另外两家姐妹酒店一样，Furmtson House的房价也会根据淡、旺季和周末而浮动，从200澳元到400澳元不等，具体的信息需要在出行前仔细参考农舍的官网：
https://apac.littlehotelier.com/properties/yarra-valley-harvest

☑ TOP TIPS

　　三家酒店均需要根据以上联系方式，在以上地址办好入住手续后，再根据工作人员的指引入住不同的酒店。

酒店预订：

🏠 ：256 Maroondah Highway, Healesville

☎ ：03 5962 4002

✉ ：admin@healesvillehotel.com.au

㉒ 优伶庄园酒店——住在酒庄内的奢华体验 🏠 （M-B3）

著名的优伶庄园坐落在雅拉河谷的深处，这座历史悠久的庄园诞生于隔壁的优伶酒庄，后随着岁月的变迁而历经不同的主人，终于在1997年获得重生，变身为优雅的五星级酒店，低调而奢华，以其富有时代特征的优雅装饰、奢华的住宿环境、周到的服务及屡获殊荣的美食而闻名。

这座被列入遗产名单的维多利亚式庄园占地101万平方米，以雅拉河为界，庄园四周的园林可追溯至1854年。富有时代特征的奢华住宿环境与荣膺多项大奖的Eleonore's餐厅拥有维多利亚州最令人沉醉的田园景色，休息室与起居室则完全是绘画艺术与古典家具的展示室。

优伶庄园酒店的客房包括32间套房，分别采用不同的色系装饰方案，使每个房间都能营造出不同的入住体验。酒店内的两家餐厅均以提供本地美食为特色，由资深主厨Mathew Macartney和他的团队精心准备，搭配顶级雅拉谷葡萄酒（出自酒店建造于1840年的古老酒窖）。

☑ TOP TIPS

　　优伶庄园酒店的客房价格差异较大，一般含早餐的房间为每晚400澳元，根据不同的房型会涨到每晚900澳元，属于雅拉谷内最昂贵的酒店。但是酒店也会根据淡、旺季推出套餐，相对来说比较划算。具体的信息在官网上有动态更新。（http://www.chateauyering.com.au/rates.asp）

　　网站接受银联卡支付和担保，入住前7日取消不收取费用，48小时前取消不返还定金，但可以修改日期，24小时内取消直接扣除定金，24小时到48小时之间取消扣除50%的定金。

🏠 ：42 Melba Highway, Yering, Yarra Valley, Victoria 3770, Australia

☎ ：03 9237 3333　免费电话:1800 237 333

✉ ：info@chateauyering.com.au

其他住宿选择

㉓ Yering Gorge Cottages 🏠 （M–A4）

Yering Gorge Cottages坐落在河边，而且靠近优伶牧场上的克罗伊登高尔夫俱乐部和Yering Station葡萄酒庄园。该4.5星级乡舍位于香登酒庄碧汇葡萄酒庄园和雅拉谷巧克力工厂附近。

Yering Gorge Cottages酒店距离墨尔本中央商务区有45分钟的车程，距离墨尔本国际机场有50分钟的车程。小屋周围环绕着12千米的自然径和自行车径。

参考价格区间：1200~2100元
🏠: 215 Victoria Road, Yering
☎: 03 9739 0110
@: http://www.yeringcottages.com.au/

㉔ Yarra Gables Motel 🏠 （M–D3）

Yarra Gables Motel汽车旅馆坐落在占地3公顷的草坪和花园之间，距离Healesville中心仅有2分钟车程，为客人提供免费无线网络和烧烤设施。Yarra Gables Motel汽车旅馆距离比奇沃斯面包店（Beechworth Bakery）和Healesville乡村俱乐部有3分钟车程，距离Healesville保护区有4分钟车程。

参考价格区间：700~1300元
🏠: 55 Maroondah Highway, Healesville
☎: 03 5962 1323
@: http://www.yarragables.com.au/

㉕ Valley Farm Vineyard Cottages 🏠 （M–D2）

Valley Farm Vineyard Cottages酒店隐藏在一个山谷的葡萄园中。开车到最好的餐厅和酒庄只需5分钟。

参考价格区间：900~1500元
🏠: Valley Farm Road （via Myers Creek Road）, Healesville
☎: 0417 540 942
@: http://www.valleyfarm.com.au/

㉖ Balgownie Estate Vineyard Resort & SPA 🏠 (M-B2)

Balgownie Estate Vineyard Resort & SPA度假酒店位于美丽的获过大奖的酒园，提供豪华的雅拉河谷住宿。酒店的设施包括一个酒窖、餐厅、日间水疗中心和室内游泳池。

Balgownie Estate Vineyard Resort & SPA度假酒店提供现代化的客房及套房，每间客房及套房均配备免费的网络、有线电视和空调。套房内设有一个SPA水疗浴缸和小厨房，并可以欣赏到雅拉山谷的美景。

Rae's餐厅可以欣赏到葡萄园的景致，并提供受法国料理影响的时令现代澳大利亚菜肴以及佐餐的巴尔戈尼地产的葡萄酒。Balgownie Estate Vineyard Resort & SPA度假酒店距离墨尔本有1小时的车程，距离Healesville野生动物保护区仅有20分钟的车程。

参考价格区间：800~2500元
🏠 : 1309 Melba Highway（Cnr Gulf Road）, Yarra Glen
☎ : 03 9730 0700
@ : http://www.balgownieestate.com.au/

㉗ Meletos – The Farmhouse 🏠 (M-B4)

对精致细节的关注，弥漫在整个Meletos，农舍有22间精品客房和1间超级托斯卡纳套房。

参考价格区间：1000~2500元
🏠 : 12 St. Huberts Road, Coldstream.
☎ : 03 9739 1888
@ : http://stonesoftheyarravalley.com/meletos/

乐在雅拉

28 热气球畅游雅拉谷 📞 （M-B3）

雅拉谷中的晨曦如一位戴着面纱的恬静少女，在晨雾中渐渐苏醒。坐在冉冉升起的热气球中，清晨的雅拉谷透过丝丝晨雾，逐渐变得清晰。随着太阳的冉冉升起，晨雾散去，铺满山坡的葡萄田尽收眼底，运气好的话还可以看到袋鼠在葡萄田间欢快地跳来跳去，令人心旷神怡，诗意大发。在热气球之旅结束后，可以奔赴提供早餐的酒庄坐下来安静地享受一份气泡葡萄酒早餐，新鲜到家的食材配上一杯欢腾的气泡葡萄酒，顿时唤醒你全身的每一个欢乐细胞，从而开启你的酒乡之旅。

乘坐热气球必须在早晨，因为热气球需要清凉稳定的空气，并且必须满足好天气的一切条件。热气球在雅拉谷是一项很成熟的娱乐项目，而且运营公司也很有经验，您完全不用担心安全问题。放松地享受难得的空中看日出吧！当然也别忘了俯瞰浪漫的葡萄园。

☑ TOP TIPS

在雅拉谷，运营热气球的公司有很多家，当地旅游协会官网推荐的是 "Global Ballooning"，有关Global Ballooning的雅拉谷飞行旅程的关键信息如下：

成人：$365（$395 含早餐）
儿童：$285（$300 含早餐）

以上收费包括的服务内容如下：

◎ 一小时雅拉谷上空飞行
◎（含早餐套票）酒庄的气泡葡萄酒早餐套餐
◎ 停车费
◎ 保险
◎ 飞行中提供拍照服务，但如果需要照片的DVD，则要在飞行结束后另外购买

整个热气球飞行体验的行程为4～5个小时，所以着陆时间往往在10:00—11:00。大致的行程安排包括：

◎ 飞行前一天晚上，大约在18:00—19:00，拨打飞行员的电话（04 8868 6444）确认第二天的行程细节，主要是第二天的天气状况以及日出时间；
◎ 飞行当天日出前一个小时，在确认的时间和地点与飞行员和工作人员会面，然后由公司安排交通工具把大家载到起飞地；
◎ 一个小时的飞行，充分享受空中的日出以及俯瞰晨曦中的著名酒乡——雅拉谷；
◎ 着陆并由公司安排交通工具载到早餐酒庄或者出发的地方。

Global Ballooning 公司的地址和联系方式如下：

☎: 03 9428 5703
@: http://www.globalballooning.com.au/
✉: balloon@globalballooning.com.au
🏠: Global Ballooning, Level 1, 173-175 Swan Street, Richmond VIC 3121

除了上面这家，另外还有两家信誉不错的热气球行程服务公司，收费标准和行程大致类似，分别为：

▸ Go Wild Ballooning
@: www.gowildballooning.com.au
▸ Peregrine Ballooning
@: www.peregrineballooning.com.au

☑ TOP TIPS

请注意，无论选择哪家公司，热气球旅程都只有在天气符合条件的日期才会提供，所以一定要提前联系服务公司进行预订，并在行程内安排出灵活的日程可以根据天气状况而灵活调整。毕竟乘坐热气球畅游雅拉谷的经历在酒乡之旅中属于不容错过的一站。

有关3家服务公司的详细信息，建议登录其官网仔细研读，以保证旅途的开心和顺利。

㉙ 直升机上鸟瞰雅拉谷 📞

　　和热气球俯瞰雅拉谷不同，直升机的行程路线更加灵活。套用现在流行的网络语言，即更加高大上的私人定制服务。在雅拉谷的要塞小镇Lilydale机场起飞，比较经典的路线是飞越雅拉谷和墨尔本，鸟瞰一城一谷，领略从魅力都市墨尔本穿越到美酒飘香的酒乡河谷的美景。直升机旅行在墨尔本和雅拉谷之间相当流行，在市区最大的博彩酒店皇冠顶楼平台停机坪上，常常有直升机搭载客人到雅拉谷内用餐，著名的优伶酒庄前的绿地就是一块直升机停机坪。

☑ TOP TIPS

　　墨尔本提供直升机服务的公司有很多，官网上推荐的为JamCo公司。其常规飞行路线从Lilydale机场出发，但是包括不同的线路，飞行时间从6分钟到45分钟不等，收费也从人均99澳元到600澳元不等，每架飞机最多承载3位客人。各家直升机公司的收费标准和路线差异较大，建议大家在出发前充分调动各种攻略手段，研究出最适合自己兴趣和预算的方案。

JamCo公司的联系方式如下：

☎：03 9397 6005

@：http://www.jamcoaviation.com.au

✉：admin@jamcogroup.com.au

🏠：JamCo Helicopters, Lilydale Airport, 13 Macintyre Lane, Lilydale VIC 3140

☑ TOP TIPS

Sugarloaf Reservoir:1~3人

观光时间：6分钟

收费标准：99澳元

从Lilydale机场起飞，空中俯瞰著名的优伶酒庄（Yering Station），以及Yarra Glen，最后返回机场。

Yarra Valley Wineries:1~3人

观光时间：15分钟

收费标准：299澳元

从Lilydale机场起飞，空中俯瞰著名的优伶酒庄（Yering Station），以及宏伟的道门酒庄、塔瓦庄园、德保利酒庄、Yarra Glen，最后返回机场。

Mt Dandenong & Healesville:1~3人

观光时间：30分钟

收费标准：299澳元

从Lilydale机场起飞，飞越Lilydale、Mt Dandenong、Silvan Reservoir、Healesville，享受雅拉谷的壮丽美景。

Melbourne CBD:1~3人

观光时间：45分钟

收费标准：699澳元

从Lilydale机场起飞，沿着雅拉河进入墨尔本中心城区。飞越墨尔本的地标墨尔本板球场［Melbourne Cricket Ground（MCG）］、罗德·拉沃竞技场（Rod Laver Arena）、艾米公园球场（AAMI Park）、墨尔本皇家植物园（Royal Botanic Gardens）、博尔特大桥（Bolte Bridge）、皇家展览馆（Royal Exhibition Building）以及市中心的CBD，尽赏墨尔本城市精华。

飞机介绍＆培训：

Robinson R22：每小时450澳元（已含税，仅为私人许可证和执照）。

Bell 206:每小时1200澳元（已含税，仅为私人许可证和执照）。

Robinson R44:每小时850澳元（已含税，仅为私人许可证和执照）。

教员收费标准：

用您自有的飞机（单人或双人），每小时150澳元（已含税）或每天600澳元（已含税），商业直升机执照培训费不包含销售税。

㉚ 雅拉谷牧场里的自产奶酪 （M-B4）

沿着B300高速由北向南行驶，在看到很难被错过的优伶酒庄标识后马上减速，因为很快就会有一条小小的马路出现，沿着路口左转，眼前立刻变得空旷而安静。一望无垠的牧场上，牛羊悠闲地或乘凉，或踱步，或埋头狂啃。在牧场中仔细寻找"yarra valley dairy"的标识，需要行驶10分钟左右。当你看到一个类似于牛棚的木头房子的时候，恭喜你找到了。雅拉谷牧场所在的土地属于以本地最早的定居者和果农修波特命名的"修波特庄园"，目前的拥有者为慕尼家族。修波特庄园制作新鲜的本地奶酪和奶制品的历史可以追溯到雅拉河谷的诞生时期，堪与雅拉谷的葡萄酒发展齐头并肩，冥冥中暗示了葡萄酒和奶酪的天生绝配。

我们抵达牧场的时候是上午10:00，看着眼前的陈旧木制棚屋有点儿发傻，安静的清晨似乎被我们几个突然来访的外来生物给打扰了。我甚至产生了一种错觉——是否当地的朋友为了让我们喝到新鲜的牛

奶而直接将我们带到牛棚，体验一把零距离新鲜直送。"叮当"一声，忽然推开的牛棚木门里走出了牧场的女主人，也打断了我的瞬间胡思乱想。随着女主人的介绍，我们才知道眼前这个看似牛棚的木屋是有着百年历史的挤奶棚，现在改造成了极具特色的牧场商店，每年都吸引着成千上万的访客，既有本地的邻居，也有像我们这样远道而来的客人。因为商店的营业时间是10:30到17:00，所以女主人特意提前半个小时约了我们安排拍摄采访，可以避免打扰到来吃早餐的客人。穿过狭窄的入口，忽然一股发酵奶酪特有的香气彻头彻脑地扑面而来，不由自主地深吸一口气，顿时觉得每个吸入的空气分子都充满了新鲜的奶酪芳香。放眼四望，不得不佩服现在的主人在装修上的精心和细致。在保留了百年奶棚的岁月感的同时，增设了细节的装饰陈列和桌椅摆设，显得温馨而质朴。大面积玻璃窗的出现，营造了从小窗口"偷窥"牧场的奇妙感觉。值得一提的是，牧场商店的咖啡也不错哦！

雅拉谷牧场包括奶酪车间和商店两部分。奶酪车间的原料均为本地出产，百分百手工制作。奶酪有法式和意式两种，但牧场最出名的还是干酪。援引热爱奶酪的同行摄影师的话："犹如老鼠入米缸般过瘾！"

既然位于酒乡雅拉谷的腹地，除去琳琅满目的各式奶制品，不容错过的还有牧场商店的葡萄酒角落。角落里错落有致地堆放着来自本土酿酒师的葡萄酒，其中不乏没有出现在酒庄，也没有出现在市场上销售的杰作。所谓沧海遗珠，意外惊喜，描述的就是这种感觉吧！

㉛ Healesville Shopping 🔗（M-B3）

如果要在雅拉谷内挑选一个最值得消磨一个下午来细细品味酒乡当地人休闲生活的地方，那一定非"Healesville"莫属。汇集了各式各样时尚、艺术、古董纪念品的小镇街道轻轻松松就会让你消磨一个下午。当然，不容错过的还有极具本地特色的餐厅、咖啡馆和古老的酒店。"住在雅拉"里重点分享的Healesville酒店就位于小镇的正中心。

㉜ Markets 🔗（M-D3）

在雅拉谷里，如果时间宽裕，最惬意的不外乎逛逛农夫市场。像谷内的本地人一样，挑挑新鲜的水果和蔬菜，结识一下新的朋友……

谷内的农夫市场有很多类型，定期在不同的地方举办。总结了一些比较热闹的，地点和开放时间如下，供大家参考。

Healesville's River Street 市集：

每月的第一个星期日，8:00—14:00营业。🏠: River Street Car Park, Healesville

Healesville's Coronation Park 市集：

每月的第三个星期日，9:00—14:00营业。🏠: Coronation Park, River Street, Healesville

Lilydale 农夫市集：

每月的第一个星期日，8:00—13:00营业。🏠: Bellbird Park（next to Lillydale Lake）, Swansea Road, Lilydale

Little Yarra 市集：

每月的第三个星期六，9:00—14:00营业。🏠: Little Yarra Steiner School, 205 Little Yarra Road, Yarra Junction

Montrose 手工艺品社区市集：

每月的第三个星期六，9:00—13:30营业。🏠: Montrose Town Centre, Mt Dandenong Tourist Road, Montrose

Upper Yarra 社区市集：

每月的第二、第三和第四个星期日，8:00—14:00营业。

: Carpark adjacent to Recreation Reserve, Warburton Highway, Yarra Junction

Warburton 社区市集：

每月的第二个星期六（1月除外），9:00—14:00营业。

: St Mary's Anglican Church Hall, Warburton Highway, Warburton

Yarra Glen Racecourse 市集：

每月的第一个星期日营业。: Yarra Glen Racecourse, Armstrong Grove, Yarra Glen

Yarra Valley 农夫市集：

每月的第三个星期日，9:00—14:00营业。: The Barn, Yering Station, Melba Highway, Yarra Glen

Yarra Valley Permaculture 有机农夫市集：

每个星期六，8:00—13:00营业。: Coronation Park, River Street, Healesville

✓ TOP TIPS

以上的市场举办日期来自雅拉谷游客信息中心，个别会因为天气等因素而变动。建议大家在前往前和所住的酒店或者当地人确认核实一下，避免浪费时间和热情。

③ Yarra Valley Gifts （M-E3）

　　离开酒乡返回墨尔本前，仍然会经过Yarra Glen小镇。买纪念品送给朋友似乎是大多"人在旅途"的旅友们内心的呼唤。位于小镇中心的雅拉谷礼品屋隐身在咖啡店和餐厅的中间，非常适合大家在小憩后随便逛逛。礼品店内的物品多出自优秀的本地设计师之手，从玻璃制品到银器、珠宝，再到画作、手工艺品等，品类繁多，均极具雅拉谷本土特色。

商店地址和信息如下：

☎: 03 9730 1134

@: http://yarravalleygifts.com.au

✉: shop@yarravalleygifts.com.au

: 22 Bell Street, Yarra Glen 3775

莫宁顿半岛产区

 葡萄酒星球
莫宁顿半岛产区

莫宁顿半岛概述

游在莫宁顿

吃在莫宁顿

住在莫宁顿

乐在莫宁顿

🍷 莫宁顿半岛概述

19世纪初，第一批欧洲移民抵达索伦托，在莫宁顿半岛上创造了丰富的文化和艺术历史，遗留下代表各个年代特色的建筑风格。随着岁月的变迁和沉淀，莫宁顿半岛俨然已经蜕变成融合欧洲海滨生活方式和传统澳大利亚文化的文化休闲胜地。莫宁顿距离墨尔本只有一个小时的路程，您可以在微风吹拂的海滨村落逛画廊、做SPA、品咖啡，或者去往内陆地区的精品酒庄享受美食美酒。

如何抵达莫宁顿半岛（交通信息）

🚗 **驾车：**

有多条线路进入莫宁顿半岛

　　走莫纳什高速公路（M1）经东部联络线（M3），连接到半岛链接（M11公路）和莫宁顿半岛高速公路（B110）。注意在Eastlink有收费站。

　　沿Port Phillip海湾，走Nepean菲利普港湾沿海高速公路（M3），到Point Nepean Rd（B110）。

　　走莫纳什高速公路（M1）和城市枢纽到Westernport公路（A780），然后沿着Frankston-Flinders Rd（C777）前往西部港口湾海岸线。

🚃 **火车：**

　　在墨尔本中央车站搭乘火车到Frankston站，周一到周六约15分钟一趟；周日每20分钟一趟。

　　从枢纽到Frankston石溪站（西口）上运行的列车每日均有许多班次，大约每两个小时一趟。

　　相关信息和时间表可参照网站：
www.metlinkmelbourne.com.au或www.metrotrains.com.au

✓ TOP TIPS

　　Eastlink和莫纳什的Citylink部分高速公路有通行费,需要根据行程选择路线。收费站没有人工岗亭,可以提前在网上缴费或者在通过高速公路后的三天内上网补缴费用,否则会产生罚款。

岛内交通（交通信息）

🚗 莫宁顿半岛的地形和意大利相似，南北狭长而东西狭窄，是个很小很紧凑的半岛：南北30分钟车程，东西15分钟车程。因此，半岛内最适合也最便利的交通方式就是驾车。

☑ TOP TIPS

GPS在莫宁顿半岛，尤其在进入红山山区内后经常失去信号或者信号错误，所以建议大家还是要备好地图，或者用手机登录莫宁顿官网的路线查询服务。

🚇 岛内的公共交通主要有火车和大巴两种。火车从Frankston到Stony Point (Western Port)，平均每两个小时一趟，每周7天都有。具体的时刻表可查询官方网站：http://www.metrotrains.com.au/timetables/

🚌 大巴有两条路线：781和788。路线781是沿着菲利普港湾由北向南行驶，从Frankston经Mount Eliza、Mornington、Dromana、Rosebud、Rye，终点到Sorrento；路线788是沿着西海湾行驶，始于Frankston，经Tyabb、Hastings，到Balnarring。部分延伸线继续行驶经Shoreham，到终点Flinders。

具体的时刻表可查询官方网站：
www.grenda.com.au

更多的岛内公共巴士交通信息，可以参照网站：
http://ptv.vic.gov.au/route

除了公共交通，在莫宁顿半岛上还有出租车服务，由本地出租车公司提供，分别服务菲利普港湾线和西海湾线。但价格较高，不建议使用。

莫宁顿半岛旅游线路

Day 1

墨尔本 ▶ 莫宁顿半岛

🚗 莫宁顿——▶雅碧湖酒庄（Yabby Lake） ［午餐］ 车程：80分钟
🚗 雅碧湖酒庄——▶德罗马纳镇（Dromana） ［观光］ 车程：13分钟

　　午饭后驾车游览小镇，可在餐厅品酒，品尝海鲜，但千万不要错过海边的落日景色，在夕阳的环抱中漫步沙滩，开启轻松浪漫的半岛之旅。

🏠 莫宁顿和德罗马纳是菲利普港湾沿线的两个主要小镇，第一天的住宿可以选择小镇上的旅馆或酒庄。

Day 2

莫宁顿半岛

🚗 德罗马纳镇——▶红山（Red Hill） ［观光］ 车程：13分钟
🚗 菲利普港庄园（Port Phillip Estate） ［午餐］

　　根据个人喜好选择1～2个酒庄参观，品尝葡萄酒。

🏠 在德罗马纳镇或红山选择酒店下榻。

Day 3

莫宁顿半岛

　　白天可以较松散地安排观光路线，有选择地参观酒庄或游览岛上其他项目（参见"乐在莫宁顿"）。斯参克岬（Cape Schanck）的日落不容错过，请根据路程远近预留半小时至一小时的车程。

　　斯参克岬日落时间
　　11—12月：20:11—20:21
　　3—6月：19:40—17:07
　　7—10月：17:19—19:31

Day 4

莫宁顿半岛 ▶ 墨尔本

🚗 莫宁顿——▶墨尔本——▶昆斯克利夫（Queenscliff） ［观光］

　　若不选择从莫宁顿半岛直接返回墨尔本，则可以从索伦托码头搭渡轮到昆斯克利夫，在这个著名的渔港听海，享受明媚阳光，还可以体验高尔夫、帆船和温泉，开启著名的大南部探索之旅。

☑ TOP TIPS

　　7、8月是莫宁顿半岛的冬季，气候较不适宜观光游览，2月至3月气候最适宜，也是葡萄收获的季节，这一时节到访可以体验到葡萄收获的忙碌景象，也可以参观酿酒的全过程。

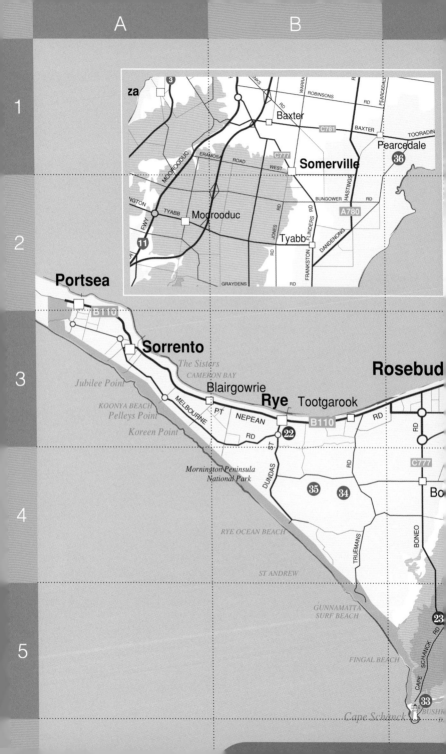

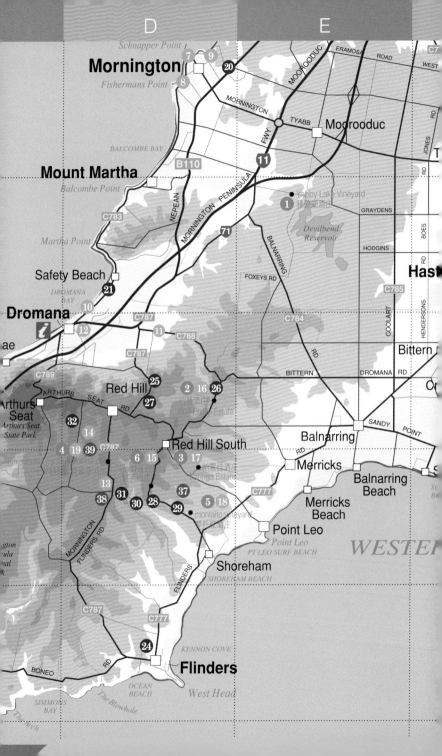

游在莫宁顿

大家爱上一个地方的理由可能各有不同，但葡萄酒爱好者爱上莫宁顿的理由却往往是相似的——爱上这里的黑比诺。莫宁顿半岛有170多个葡萄酒酒庄，其中超过50个酒庄有品酒酒窖，主要集中在红山、梅里克斯（Merricks）、Main Ridge、Balnarring和莫路德（Moorooduc）。就像世界上其他黑比诺的胜地一样，鲜少发现大片的黑比诺葡萄田，更多的是一垄一垄的葡萄，完美地诠释着"terroir"的真谛。驱车沿着迷人的海岸线和绿荫成群的山路蜿蜒向前时，经过一片片银色的橄榄园、起伏山峦上的葡萄园、隐秘的餐馆、路边叫卖的有机农产品以及本地充满生气的市集，即使闻闻空气也醉了。更何况你还可以随时驶进一个酒庄，好好地品尝一下在这片土地上独属于黑比诺的千姿百态，体味一下你自己的"杯酒人生"！

❖ **重点推荐**

雅碧湖酒庄 ❶
大师级的文艺范儿 (M-E2)

【 略知一二 】

酒庄名称: 雅碧湖酒庄 (Yabby Lake Vineyard)
创建时间: 1992年
创 始 人: 科比夫妇 (Robert & Mem)
庄　　主: 妮娜和克拉克
电　　话: 03 5974 3729
网　　站: www.yabbylake.com
地　　址: 86 Tuerong Road, Tuerong, Victoria 3915, Australia
酒窖开放时间: 每日10:00—17:00
餐厅开放时间: 午餐, 建议预订

【 古往今来 】

雅碧湖葡萄酒公司在澳大利亚拥有雅
碧湖庄园、杜鹃山庄庄园和戈尔路庄园三大
五星庄园，在新西兰有易加冕庄园，致力以
精湛的工艺生产充满个性品位的葡萄酒。

雅碧湖创始人科比夫妇很早以前就
开始熟悉莫宁顿半岛地区了，对该地区具
有渊博的知识储备，到了20世纪90年代初
期，因为对饮食和葡萄酒文化的强烈兴趣
与热爱，他们抓准时机发展了一桩澳大利
亚家族的葡萄酒生意。

这有趣的澳大利亚葡萄酒故事开始于
1992年，其创始人科比夫妇在维多利亚州
莫宁顿半岛上的红山上首次建立葡萄园，
并种植了葡萄树。

1998年，经过大量的搜索和周密的计
划研究后，他们决定在Moorooduc的分区域
建立雅碧湖庄园。

一年后，杜鹃山庄古老的寒武纪岩石
层上种植了葡萄树，这块地极其稀有特别，他们的目标很明确——建立一个只种设拉
子的单一庄园。

几乎在同一时间，该家族又购买了史卓宝芝山脉上最早期的海伦山葡萄园。

科比家族刚开始就和葡萄栽培专家基思·哈里斯一起合作酿造早期年份的葡萄酒，很
快又邀请了拉里·麦克纳。2004年，莫宁顿半岛著名的酿酒师Tod Dexter也加入了他们
的团队，运用他的专业知识为该地区的葡萄酒生产做贡献。

2008年，经过10年的悉心栽培后，科比夫妇将家族的庄园及商标移权给他们的子女
妮娜和克拉克。

科比家族创立了雅碧湖，而目前由总经理兼首席酿酒师汤姆·卡森掌管大局。一支对
该行业拥有丰富独到的经验、兢兢业业的葡萄酒专家团队，他们将会把科比家族的理念发
扬光大。

雅碧湖总经理兼首席酿酒师汤姆从小就在杜鹃山庄接触葡萄酒，现在他又回到了
原点。

　　汤姆是堪培拉"国家葡萄酒展示会"最年轻的主席，"皇家悉尼葡萄酒展"评选组主席，此外他还是澳大利亚航空公司葡萄酒评选组成员，他于1991年从罗斯沃斯农学院酿酒学专业毕业。他跟随Tim Knappstein在克莱尔山谷（Clare Valley）开始了他的酿酒师生涯。通过两年在伦斯伍德葡萄园（Lenswood Vineyard）里栽培黑比诺葡萄的经历，汤姆意识到在澳大利亚培植黑比诺的潜力。他先在1992年到法国勃艮第连续工作了两年，然后又回到澳大利亚冷溪山当詹姆斯·哈利德的助理酿酒师。

　　1996年，汤姆抓住了机会，帮助拉思伯恩家族实现了他们的理想，这个家族是雅拉谷优伶酒庄的新主人。在他掌管酒庄的12年里，酒庄获得了众多国际性奖项，包括2004年伦敦"国际葡萄酒暨烈酒大赛"的"年度国际酿酒师"称号。

　　这段时期，汤姆回到了法国，致力几个年份的葡萄酒酿制——勃艮第（2000年在Chassagne Montrachet村庄的 Domaine Bernard Moreau酒庄）和香槟区（1996年在Champagne Devaux、Bar-sur-Seine酒庄，以及2002年在白丘次产区的Les Gras酒庄、Haas酒庄和Chouilly酒庄）。2002年，汤姆被评为里昂·埃文斯"葡萄酒大师班"最佳学员，这标志着他葡萄酒评鉴生涯的开始。

【 神醉心往 】

雅碧湖的酿酒理念促使每个品种的固有本质和潜能都展现了出来。雅碧湖庄园里的所有工作，从修剪到采摘都一丝不苟，这就确保了每一瓶酒的质量。

同时，在酿酒车间里，每一颗葡萄都被轻柔、细心地照料着。再加上先进的酿造技术，才得以确保能提高庄园里葡萄的固有品质和出品质量。

雅碧湖团队的座右铭是生产出顶级的葡萄酒。每一年，雅碧湖只会筛选出不足30%的果实用来酿造单一庄园葡萄酒。

自2002年起，雅碧湖就开始在该土地上酿造单一庄园的霞多丽白葡萄酒和黑比诺红葡萄酒，很快这两款酒就得到了很高的认同和评价。

雅碧湖精通于在不同的地区酿造不同种类的葡萄酒。在澳大利亚数个顶级的葡萄种植区都建有葡萄园，致力酿造能够代表各个地区不同特色的葡萄酒，以体现各个地区的特点，并使不同的葡萄酒品种达到新的高度。

雅碧湖从认识脚下的土地开展工作。为了种植出最合适的葡萄品种，种植专家一排一排、一片一片地在各个地区进行试验，全力以赴，在适当的土地种植适当的葡萄品种。

雅碧湖的种植专家认识到自己只是土地暂时的管理者，也认识到为了让这些地区的葡萄更好地生长，需要肥沃、健康的土壤。为了信守种植理念，酿造专家摒弃了所有的合成杀虫剂，并在庄园内采用有机葡萄栽培技术。

珀翡酒庄 ❷
跃然海上的佳酿碉堡（M-D3）

【 略知一二 】

酒庄名称：珀翡酒庄（Port Phillip Estate and Kooyong）
创建时间：1987年
创始人：乔治·吉尔吉亚
庄主：乔治·吉尔吉亚
电话：03 5989 4444
网站：www.portphillipestate.com.au
地址：263 Red Hill Road, Red Hill South, Victoria 3937, Australia
酒窖开放时间：每日11:00—17:00
餐厅开放时间：周三至周日午餐，周五、周六晚餐

【 古往今来 】

　　珀翡酒庄庄主乔治·吉尔吉亚对大海和航行情有独钟。他打造了澳大利亚建筑风格最为当代的酒庄——碉堡般的建筑造型，俯瞰风景如画的葡萄园与海峡，城墙舒展跨越，形成一个100米长的巨型弧形开口。内部是装修极为现代的高级美食餐厅、试酒室、精品酒店以及装瓶生产线。

　　乔治和黛安娜于2000年买下菲利普港庄园（Port Phillip Estate），于2004年买下酷永酒庄（Kooyong）。自此，乔治从几十年来亲手构建起来的电子制造企业Atco彻底退休了。

　　珀翡酒庄位于红山，是美丽的莫宁顿半岛葡萄酒产区的中心，距墨尔本南部80千米。

　　珀翡酒庄始建于1987年，由吉尔吉亚家族于1999年拥有。这片面朝东面和北面的方圆10公顷的山坡是种植黑比诺、霞多丽、设拉子和长相思葡萄的理想之地。酷永葡萄园及酒庄成立于1995年，吉尔吉亚家族于2004年将其收购。

　　如今，珀翡酒庄生产酷永葡萄酒和珀翡葡萄酒。酿酒大师桑德罗·莫塞莱管理监控酿酒的全过程。与珀翡酒庄坐落方位不同，酷永葡萄园面朝莫宁顿半岛最北端的塔罗。葡萄园48公顷的土地大部分种植着黑比诺，其次是霞多丽和灰比诺。

　　2009年11月建成的颇具时尚风格的标志性城堡建筑成为酷永和珀翡酒庄的形象地标。其前卫独特的设计风格引人关注、赞叹，成为澳大利亚酒庄游的又一亮点。

　　从酒庄的葡萄园中可以远眺波澜壮阔的大海，给游客带来完美的美食、美酒与美景的体验。游客可以在酒窖品酒，还可以在餐厅享用美食与美酒。

【 神醉心往 】

　　酷永和菲利普港庄园是独立的酒庄，同为电器制造商出身的吉尔吉亚家族所有，2012年被"澳大利亚葡萄酒评论之父"詹姆斯·哈利德评为"年度最佳酒庄"，两个酒庄加起来一年仅4000箱的产量，因此在澳大利亚本地一般只在高档餐厅里才能见到它的身影。

　　酒的质量很出众，2010年份的Port Phillip Estate Pinot Noir色泽亮红，有草莓和红色浆果的香味，混合有紫罗兰的花香，余味悠长，且伴有成熟和淡淡的单宁酸味，是值得窖藏的一款。2008 Kooyong Pinot Noir，质地非常柔软，酸度不明显，酒体有丝滑的口感，有樱桃、柠檬和松树的回味。2008 Kooyong Chardonnay，明亮的淡黄色中点缀着绿色，混合花香、柑橘及蜜瓜的香味，也有相当的酸度保持酒体的紧实。

帕霖佳酒庄 ❸
教书匠的奇幻酿酒之旅 (M-D4)

【 略知一二 】

酒庄名称：帕霖佳酒庄 (Paringa Estate)
创建时间：1985年
创 始 人：Lindsay McCall
庄　　主：Lindsay McCall
电　　话：03 5989 2669
网　　站：www.paringaestate.com.au
地　　址：44 Paringa Road, Red Hill South, Victoriatoria 3937, Australia
酒窖开放时间：每日11:00—17:00
餐厅开放时间：周三至周日午餐，周五、周六晚餐

【 古往今来 】

帕霖佳酒庄位于澳大利亚维多利亚州莫宁顿半岛葡萄酒产区，是澳大利亚备受赞誉的酒庄之一，所产的黑比诺和设拉子葡萄酒尤为出名。

帕霖佳酒庄面积为4万平方米，种植有黑比诺、霞多丽、设拉子和灰比诺等葡萄品种。当前的酒庄是1998年创立的。2008年，酒庄又租赁了22万平方米的葡萄园，年出产220吨葡萄，生产16000箱葡萄酒。

1984年，Lindsay McCall开启了其不可思议的葡萄酒之旅，并收购了一个被废弃的果园。

Lindsay对葡萄酒的痴迷始于20世纪70年代中期。最初10年时间，Lindsay仍然担任学校老师。1985年，他开始种植第一批葡萄树。直到1990年，酒庄原来的4万平方米土地才全部种满了葡萄树。

1996年，Lindsay将所有时间和精力全部投注到葡萄栽培与葡萄酒酿造中。1998年，酒庄出产了首个年份葡萄酒，仅收获3吨葡萄。

直到出产2000年份葡萄酒时，葡萄产量才提升到78吨。2008年，酒庄的葡萄酒产量已经上升至16000箱。如今，酒庄在澳大利亚葡萄酒市场的份额非常大，并已经出口到英国、丹麦、新加坡、韩国和中国。

【 神醉心往 】

教师出身的Lindsay McCall不仅是帕霖佳酒庄的庄主，也是极具天赋的酿酒师，同时还是莫宁顿半岛产区的主席。他坚持不懈地致力提升黑比诺的品质，创新技术与孜孜不倦的诚意是他的酿酒之道。他希望与消费者通过黑比诺产生心灵的沟通与共鸣。

其他酒庄

十分钟拖拉机葡萄酒庄 ❹
TEN MINUTES BY TRACTOR WINE CO. (M-D4)

推荐理由:

　　"用拖拉机十分钟就能运来用于酿造本地上好葡萄酒的葡萄",这就是十分钟拖拉机葡萄酒庄这个有趣的名字的由来。十分钟拖拉机葡萄酒庄于1999年由三个葡萄园互相毗邻的本地家族创建,旨在酿造出能体现他们葡萄园特殊风土条件的葡萄酒。后在2004年被Martin Spedding收购。酒庄内收藏的系列老式拖拉机诉说着酒庄的缘起,令人印象深刻。透过酒庄品酒商店和餐厅的大片落地窗,可以俯瞰绿叶繁茂的景色。冬季则可以在开放式的壁炉旁取暖,眺望远处的大海,惬意、舒适的同时又不失其酒庄的专业本色。

　　十分钟拖拉机葡萄酒庄拥有14公顷的栽培葡萄园,其平均年龄为16年,包括霞多丽、黑比诺、白苏维浓、灰比诺和坦普拉尼罗。位置、海拔和方向各不相同的葡萄园使人们在每个葡萄园的每块土地上都可以采摘到不同的葡萄或者用不同的葡萄去酿酒。

🏠 : 1333 Mornington-Flinders Rd, Main Ridge, Victoria 3928
☎ : 03 5989 6455　传真: 03 5989 6433
✉ : info@tenminutesbytractor.com.au
@ : tenminutesbytractor.com.au　酒窖开放时间: 每日11:00—17:00

🍷 梦托驼酒庄 ❺
MONTALTO VINEYARD （M-D4）

推荐理由:

梦托驼酒庄拥有12万平方米的葡萄园,有最适合生产霞多丽和黑比诺的土壤,以及酝酿顶级黑比诺的凉爽气候。其气泡葡萄酒也不容小觑。梦托驼葡萄酒曾多次入围《哈利德葡萄酒指南》顶级五星葡萄酒。

除了卓越的葡萄酒,梦托驼酒庄也是莫宁顿半岛的一个游览胜地。湿地栖息地和湖泊使其成为当地水禽的庇护港湾,1500株成熟的橄榄树出产冷榨、特级初榨以及酒庄特制橄榄油和橄榄酱,只能在酒庄内品尝购买。雕塑和艺术品点缀其间,而每年的高潮是在此颁发的梦托驼雕塑奖。这里还是举办音乐节和演出活动的理想场所。

"现代风格的餐厅和欧式广场可满足各种用餐需求,而在静谧的户外野餐场地享受高品质的露天美食则将带给你一种别样的体验。" ——Ralph Kyte-Powell(澳大利亚著名的葡萄酒评论家和专栏作家)

🏠 : 33 Shoreham Road Rd, Red Hill South, Victoria 3937

☎ : 03 5989 8412　✉ : info@montalto.com.au

@ : www.montalto.com.au　酒窖开放时间: 每日11:00—17:00

🍷 红秀山庄 ❻
RED HILL ESTATE （M-D4）

推荐理由:

"红秀山庄不但拥有可以媲美澳大利亚乃至世界上任何酒庄的最美景致,更坐拥一个顶级餐厅,供应包括多种气泡葡萄酒在内的各式美酒,必将为你带来完美旅程,让你流连忘返。" ——葡萄酒行业评论家、鉴赏家Stuart Gregor

🏠 : 53 Shoreham Rd, Red Hill South, Victoria 3937

☎ : 03 5989 2838　传真: 03 5981 0143　✉ : cellardoor@redhillestate.com.au

@ : redhillestate.com.au　酒窖开放时间: 每日11:00—17:00

你知道吗?

莫宁顿半岛上的红五星酒庄:

Kooyong	(酷永酒庄)	Main Ridge Estate	(梅岭酒庄)
Moorooduc Estate	(穆鲁杜克酒庄)	Paringa Estate	(帕霖佳酒庄)
Port Phillip Estate	(菲利普港庄园)	Stonier Wines	(斯托尼尔酒庄)
Yabby Lake Vineyard	(雅碧湖酒庄)		

吃在莫宁顿

如果必须在维多利亚州选一个可以和"美食之都"墨尔本相媲美的地方，可能就非莫宁顿莫属了。虽然与墨尔本美食的多元化相比，莫宁顿稍逊一筹，但是莫宁顿胜在其丰富的本地新鲜食材上，本地新鲜食材配上只有在半岛上才可以喝到的车库葡萄酒，已然自成一派。您既可以在酒庄的酒窖餐厅美餐一顿，坐拥一流的美景和顶级的葡萄酒，品尝星级厨师用有机菜园、生态农场采摘的有机时蔬和附近海域打捞出来的海味等上等食材烹饪出的美味佳肴，也可以在靠近海边或者码头旁的小餐馆坐一下，品尝绝对新鲜的福林德贝(Flinders Mussels)、菲利普港湾的牙鳕和鲔鱼。总之，无论您是因为什么原因来到莫宁顿半岛，至少在旅程中您的口腹之欲绝对可以得到满足。

莫宁顿半岛上的美食主要集中在菲利普港湾沿线以及山区一带。菲利普港湾沿线美食多分布在海边小镇上，尤其从Mornington到Sorrento一带，以海景餐厅为特色。而山区内的美食则多是酒庄的酒窖餐厅，以完美的美食美酒搭配为特色。

菲利普港湾沿线美食

❖ 重点推荐

❼ 岩餐厅（The Rocks Mornington）——从海里到盘里的新鲜 ❌（M-D1）

　　由德桑蒂斯家族成立于2001年11月的岩餐厅，在过去的30多年时间里，一直坚持提供"海滨餐厅"的独特就餐体验。餐厅分为两部分：室内餐厅和半开放的户外甲板餐厅。尤其值得一提的是户外甲板餐厅，几乎直接延伸到海里，清新的海风迎面拂来，让客人产生一种盘中美食仿佛直接从海里跳进来的错觉。即使在冬季，在暖炉的烘烤下就餐，也别有一番情趣。

　　岩餐厅的主要特色是新鲜的海鲜，菜系以现代地中海为主，并配有特色小吃。在行政总厨泽维尔掌舵的5年中，充分演绎了本土经典与现代厨艺相结合的烹饪风格。当然，作为莫宁顿著名的本土餐厅，丰富的葡萄酒单是不可或缺的。作为酒乡之旅开始的热身，随便选上一款黑比诺都不会失望，说不定还会有意外的惊喜呢！

　　最难得的是岩餐厅每周7天营业，并全天提供早餐、午餐和晚餐。为了保证更多的客人可以体验甲板就餐的环境，甲板座位只接受晚餐预订，其余时间都是先到先得。而室内部分则全天接受订位。为了确保一定有座位，建议大家先预订餐厅内的位子，如果抵达后甲板有位子再调整。

营业时间：

早餐：8:00—11:30；

午餐：12:00—15:00；晚餐：18:00—深夜

休业：冬天的周日晚餐关闭（不包括10月30日的世界杯周末）；耶稣受难日、平安夜及圣诞节全天休业

🏠：Location 1 Schnapper Point Drive, Mornington Victoria 3931

☎：03 5973 5599

@：http://www.therocksmornington.com.au/

其他美食

⑧ 星际咖啡厅（LiloCafé）——本地人的日常餐厅 ✖ （M-D1）

海边的星际咖啡厅位于一个二手书店的旁边。原是20世纪20年代渔人码头区域装饰艺术风格的建筑之一，2009年10月创办星际咖啡厅，专注于为本地居民提供最好的咖啡和最好的本地时令食物，打造一个集温馨和怀旧、像家一样的咖啡厅。从8:00开始供应丰盛的早餐和外卖咖啡，还有当天的报纸和杂志供大家阅读欣赏，即使一个人也不会寂寞。过去5年内的坚持和宾至如归的服务，让星际咖啡厅在2011年荣膺维多利亚州最佳本土咖啡餐厅的奖项。

走进店内，您会发现星际咖啡厅的绿色主题，包括碗碟、茶壶、摆设甚至服务员的围裙。作为主题色，绿色诠释的是环保、健康的理念，甚至是人类的思想和灵魂。

营业时间：8:00—16:00开放早餐和午餐。无晚餐提供

休业：圣诞节当天和隔天全天休业

🏠：1/725 EsplanadeMornington Victoria 3931

☎：03 5975 0165

@：http://www.lilocafe.com.au/

❾ D.O.C Mornington——莫宁顿最好的意大利比萨 ✕　　（M-D1）

　　源自墨尔本郊区的一个小比萨店，餐厅的创始人坚信简单、美味的理念，因而将意大利美食文化成功引入了Carlton和莫宁顿。餐厅用"原产地"（D.O.C）命名来强调意大利食物的原汁原味。来到店内，必尝其招牌比萨：原味番茄比萨或者芝士吧的当日精选系列。

营业时间：周一到周日：9:30—22:30

🏠 ：22 Main Street, Mornington, Victoria 3931

☎ ：03 5977 0988

@ ：docgroup.net

✅ **TOP TIPS**

莫宁顿半岛区域的游客中心：

🏵 Mornington Peninsula VistorInformaiton Center

🏠 ：359B Point Nepean Road, Dromana 3936

☎ ：（03）5987 3078

✉ ：info@tourism.mornpen.vic.gov.au

@ ：www.visitmorningtonpeninsula.org

Dromana 小镇美食

　　沿着菲利普港湾向南行驶，会抵达莫宁顿半岛上的另外一个重要小镇——Dromana。这里之所以重要，是因为它是连接山区酒区和港湾沿线的重要交通枢纽。所以就不难理解莫宁顿半岛的游客中心设在Dromana了。一些不错的本土餐厅以及住宿的地方都可以在Dromana找到，而且与其他区域相比，这里的性价比较高。

⑩ L'AquA 餐厅——莫宁顿半岛上唯一的石烤牛排 ✖ （M-D2）

　　L'AquA餐厅可能是在Dromana营业时间最久的餐厅了。每天从7:00营业到21:00，对于一个海边小镇来说，可以称得上是奇迹了。更难得的是L'AquA餐厅在营造轻松愉悦的就餐环境的同时又很好地满足了部分客人享受浪漫晚餐的需求。餐厅的菜系融合了不同国家的特色。如果必须推荐一道主菜，那么非"石板系列"莫属。L'AquA是莫宁顿半岛上唯一的"石烤"餐厅，其石烤牛排和石烤海鲜都是意料之外的美味。对于习惯饭后甜品的客人，别忘了尝试一下餐厅自制的甜品，就陈列在吧台旁边的甜品柜内，可以自由选择。

🏠：173-175 Point Nepean Road , Dromana Victoria 3936

☎：03 5981 8635

@：http://www.laqua.net.au/

营业时间：周一到周日，7:00—21:00

⓫ Stillwater at Crittenden——坐拥葡萄园和湖景的本地餐厅 ✖ （M-D3）

坐落在红山脚下的Stillwater餐厅因其美丽的葡萄园及新鲜的本地食材而闻名。自2004年开放以来，被多家美食美酒杂志评为最好的本地就餐体验。

🏠：25 Harrisons Road, Dromana 3936

☎：03 5981 9555

✉：manager@stillwateratcrittenden.com.au

@：www.stillwateratcrittenden.com.au

营业时间：11—3月，周一到周日提供午餐，周五、周六提供晚餐；4—10月，周三至周日以及本地公共假日提供晚餐，周五、周六提供晚餐

⓬ Two Buoys——莫宁顿半岛上最好的早餐和咖啡 ✖ （M-D3）

如果不想吃分量很大的正餐，Two Buoys会是个很好的选择。Two Buoys的理念是分享，"好的食物和好的酒只有和朋友或者家人分享才是真正的美味"。秉承这一理念，Two Buoys不停地尝试各式各样的小食如何搭配不同口味的葡萄酒。无论您是来这里吃早餐、午餐还是晚餐，都可以完全放任自己，静静地沉醉在菲利普港湾的美景以及唇齿颊间的飘香。

🏠：209 Point Nepean Rd, Dromana 3936

☎：03 5981 8488

✉：info@twobuoys.com.au

@：www.twobuoys.com.au

营业时间：周一到周五，11:00开始营业，提供午餐和晚餐；周六、周日，7:00开始营业，提供早餐、午餐和晚餐

山区美食

❖ 重点推荐

⓭ T'Gallant Spuntino Bar——莫宁顿半岛上罗马风格比萨的起源地 ✖ （M-D4）

　　凡是熟悉Kevin和Kathleen夫妇的人，都听说过T'Gallant这个名字及最初三块灰比诺葡萄田的故事。Kevin和Kathleen在法国阿尔萨斯和意大利弗留利的旅行过程中，深深地爱上了灰比诺这个凉爽气候的葡萄品种，由此不但诞生了后来澳大利亚最优秀的灰比诺酒庄T'Gallant，而且也开启了莫宁顿半岛酿制优质灰比诺的新纪元。

除了鼎鼎大名的"Pinot G"葡萄酒，T'Gallant被人津津乐道的还有其极具特色的餐厅。驶入T'Gallant的酒庄大门，扑面而来的是极具田园风光的酒庄风情，在铺满山坡的灰比诺葡萄田的掩映下，一个看似"破落"的木棚伫立在小山坡上，但又奇迹般地与周边的一切充满和谐。这个小木棚里就是T'Gallant的两个餐厅——La Baracca和Spuntino Bar，其受欢迎程度早已使这两个餐厅成为莫宁顿半岛葡萄酒之旅的经典去处。尤其是Spuntino Bar，更是诞生了半岛上的木烤比萨，十多年来一直是餐厅的招牌特色。值得留意的是餐厅每周都会有现场演出，其中还有20世纪50年代澳大利亚最著名的摇滚乐队主唱。往日的辉煌虽已不在，但无论是陶醉在音乐里面的歌手，还是享受美好阳光午餐的客人，在这一刻，应该没有人会否认生活的美好。

☑ TOP TIPS

T'Gallant的两个餐厅以及户外部分都非常抢手，一定要提前订位。餐厅接受10人以上订位，并提供人均40澳元的套餐，包括开胃小食、木烤比萨组合、花园蔬菜沙拉、土豆泥以及一块巧克力布朗尼甜品。套餐还包括餐前在酒窖的品酒。

🏠 ：1385 Mornington-Flinders Road, Main Ridge 3928

☎ ：03 5931 1300

✉ ：info@tgallant.com.au

@：www.tgallant.com.au

Spuntino Bar营业时间：周末11:30—16:00，开放午餐（包括公共假日和学校的寒暑假）

⓮ The Long Table Bar & Dining Room——返璞归真的本地小酒馆 ❌ （M–D3）

　　"不忘初心往往能够事半功倍"，在把餐厅改回11年前最初创立风格的时候，餐厅主人萨曼莎发出了这样由衷的感慨。Andrew & Samantha夫妇当初在红山脚下创立The Long Table小酒馆时，旨在为周边的社区居民提供一个舒适的社交场所。今日的The Long Table餐厅，洗尽铅华，布置温馨，在同样回归故里的主厨Daniel Whelan的带领下，采用当地的时令食材，用最简单的烹饪技巧用心做出一道道充满本地风味的欧式菜肴。您可以选择裹着裙带菜和山葵的熏制鳟鱼作为开胃菜，其口感绵软滑腻，十分咸香味美；再配以当地采摘的海蓬子（海芦笋）和一些柠檬马鞭草调和蛋白佐餐。当然，烤鹌鹑与鹅肝、大黄和五香奶油蛋卷同样也是优质原料巧妙融合的典型代表。经典菜式无鳔石首鱼的一侧裹着酥脆的奶油蛋卷皮，再搭配可口的沙拉（由酢浆草、小萝卜、节瓜花和葡萄香醋制成）加以综合，口感绝佳。鳐翅奥特威五花肉、裹有苹果酒的可口苹果和佩德罗-希梅内斯雪利酒也都棒极了。此外，还有配白奶酪、黑芝麻和接骨木的缅因山莓果，或是浓郁的牛奶巧克力等精美甜点，定会让你食指大动。在品尝美味的时候，不得不提的是服务人员细致周到的服务和见多识广，尤其是对当地葡萄酒了如指掌，定会为您的酒乡之旅带来难忘的体验。

　　尽管经历了十几年的变迁，但在The Long Table餐厅，有些东西会永远保留。比如周三晚餐套餐，两道菜套餐（39澳元／人）和三道菜套餐（49澳元／人），都搭配一杯葡萄酒。另外，每周四、周五的炸鱼薯条欢乐时光（20澳元／人）以及周日晚上的自带葡萄酒分享派对已经成为本地社区的经典节目，也使The Long Table餐厅成为莫宁顿半岛上一道亮丽的风景线，不但吸引着本地社区居民，而且还吸引着更多的外来客人来体验真正的本地风味。

🏠 ：Red Hill Village, 159 Shoreham Road, Red Hill South, Victoria 3937

☎：03 5989 2326

@：thelongtable.com.au

营业时间：周三到周日开放晚餐，周六、周日开放午餐

葡萄酒酒吧周三到周五从下午5:00开放到半夜，周六、周日从中午开放到午夜（夏季和复活节延长营业时间）

⑮ Max's 餐厅——莫宁顿半岛上第一家酒庄餐厅 ❌（M-D4）

　　坐落在红山酒庄内的Max's餐厅开启了莫宁顿半岛上酒庄餐厅的先河，餐厅以创始人Max的名字命名。20年前，在Max创办餐厅的时候，墨尔本到莫宁顿半岛的高速公路还没有开通，需要两个小时的车程。这对于定位为都市游客的餐厅无疑是非常不利的，而Max也受到了多方的质疑。但20年的坚持已经使Max's餐厅成为酒庄餐厅的先驱，且获奖无数。这里面包括维多利亚州旅游局（2010&2011）和澳大利亚旅游局（2011）分别颁发的最佳旅游餐厅大奖。

　　Max's餐厅坐落在红山酒庄的山坡上，俯瞰葡萄园，遥望西部海湾和菲利普小岛。得天独厚的位置和视野优势，为Max's餐厅赢得了"世界上最美葡萄园视野餐厅"的称号。作为莫宁顿半岛的旗舰形象，既是老板也是主厨的Max在Max's餐厅成立伊始确定的坚持使用本地时令食材的基本原则从未动摇，从而使得Max's餐厅成为体验莫宁顿美食美酒文化的经典去处。

🏠：53 Shoreham Road, Red Hill South 3937　☎：03 5931 0177

✉：info@maxsrestaurant.com.au　@：www.maxsrestaurant.com.au

营业时间：每天开放午餐，中午到17:00；周五、周六开放晚餐，18:30到结束

16 珀翡酒店——越过葡萄园的海景餐厅 ❌ （M-D3）

　　驰名整个澳大利亚的珀翡酒庄建筑使其毋庸置疑地成为莫宁顿半岛的地标。这个由著名的设计公司Wood Marsh设计的酒庄属于吉尔吉亚家族，目前由家族的第二代姐弟经营。整个建筑顺着山脉由西向东展开，平地而起，最终形成高达120米的巨大东墙，将整个酒庄隐在后面。而酒庄的入口恰恰就设在巨大的东墙上面，为自动开启的隐藏门。步入酒庄内，建筑分为地下和地上两部分，地下主要为酿酒和储酒之用，地上是酒窖、餐厅和一家只有6个房间的精品酒店。整体建筑的最巧妙之处是最大限度地利用了其地理位置的优势，将视野扩展到可能范围内的无限大。当然最好的位置留给了餐厅，无论是在户外平台还是在户内通过落地玻璃窗，均可以掠过满山坡的葡萄田，美丽的西海湾和菲利普小岛一览无余。

　　与美景对应的是美酒和美食，餐厅主厨Stuart Deller曾在伦敦多家著名餐厅工作过，在其带领下，珀翡餐厅的菜系以欧式为主，精致而新鲜，绝对算得上是莫宁顿半岛上的高大上就餐体验，当然价格也不便宜。而对于喜欢随意简餐的客人，位于建筑另一端的酒窖厨房会是不错的选择。根据客人的抵达时间，随意拼桌而坐，或者只是短暂停留，点上一杯酒，配上一些本地的时令小食，度过一段轻松惬意的午餐时光。

🏠：263 Red Hill Rd, Red Hill South, Victoria 3937

☎：03 5989 4444 ✉：dining@portphillipestate.com.au

@：portphillipestate.com.au

营业时间：酒窖厨房：周六到周二开放午餐（公共假日关闭），10人以内不需要订位

餐厅：周三到周日开放午餐（公共假日开放），周五、周六开放晚餐，需要订位

⑰ Paringa Estate 餐厅——家庭式的精品餐厅 ✕（M-D4）

推开Paringa Estate餐厅的木门，小小的餐厅内部一目了然，布置得温馨而古朴。酒窖和餐厅基本融为一体，共享一个吧台。但是如果您认为这只是一个简单的餐厅，那就错了。在经验丰富的主厨Julian Hills的带领下，Paringa Estate餐厅的创意菜单获奖无数，其中包括厨师帽(Chef's Hat)美食餐厅，配上同样获奖无数的Paringa黑比诺以及窗外的葡萄田美景，真是应了中国的一句古语："山不在高，有仙则灵！"

🏠：44Paringa Road, Red Hill South 3937 ☎：03 5989 2669

✉：info@paringaestate.com.au @：www.paringaestate.com.au

营业时间：（12月26日—1月26日）每天12:00开放午餐；周四、周五、周六18:00开放晚餐；（1月27日—12月24日）周三到周日12:00开放午餐；周五、周六18:00开放晚餐；圣诞节歇业

其他美食

⑱ 梦托驼餐厅 ✖ （M-D4）

梦托驼餐厅获得厨师帽美食餐厅的评定，是公认的莫宁顿半岛上最棒的餐厅。这里的美食汲取了部分法国区域美食的精华，并且采用酒庄自产或该地区的新鲜时令原材料进行烹制。相邻的步廊供应可口的简餐，还可以在花园或庭院内精心布置的餐桌旁品尝葡萄酒。这里还有精美的户外用餐场所，是享用浪漫午餐或体验独一无二的用餐经历的理想选择。

🏠：33 Shoreham Road Rd, Red Hill South, Victoria 3937

☎：03 5989 8412

✉：info@montalto.com.au

@：www.montalto.com.au

⑲ 十分钟拖拉机葡萄酒庄餐厅 ✖ （M-D4）

作为澳大利亚排名第六的餐厅，十分钟拖拉机葡萄酒庄餐厅的主厨Stuart Bell一直坚持尽可能多地使用优质的当地食材，烹饪出美味出色的菜肴，包括使用在自有的果菜园里种植的香草、莴苣叶和蔬菜。这为前来品尝葡萄酒的游客带来了多一层的体验。

作为一个几乎可以被称为得奖专业户的餐厅，十分钟拖拉机葡萄酒庄餐厅硕果累累，包括：

一星
——2009年度和2010年度《美食旅行者》和2011年度《餐厅指南》

维多利亚州十大地区餐厅之一
——2010年度《美食旅行者》和2011年度《餐厅指南》

一顶帽子
——2011年度《时代美食指南》

维多利亚二星级餐厅之一
——《美食旅行者》

两顶帽子
——2012年度《澳大利亚餐厅指南》

美食指南 2013 三杯
——年度美食旅行者酒水单

2012 最佳地区葡萄酒
——2013年《年度美食指南》

🏠: 1333 Mornington-Flinders Rd, Main Ridge, Victoria 3928
☎: 03 5989 6455　传真: 03 5989 6433
✉: info@tenminutesbytractor.com.au
@: tenminutesbytractor.com.au
营业时间: 午餐，周三至周日；晚餐，周四至周六（夏季每日均有午餐供应，晚餐供应时间为周二至周六）

住在莫宁顿

在莫宁顿半岛逗留几日，尽情享受半岛上千姿百态的住宿。从悬崖顶的超豪华别墅，到酒庄里的寓所以及海滩上的宿营地，每个人都可以轻松找到适合自己风格和预算的选择。您可以在莫宁顿半岛上预订一个房间，将大海、内陆绵延的山脉以及寂静的海滩所带来的壮观景色尽收眼底，也可以在温馨雅致的民宿中放松身心，尽情享受精品酒店所提供的一切服务和设施。如果偶尔想要去豪华的海滨度假胜地放纵一下自己，莫宁顿半岛上也有很多不错的选择。或置身在隐秘的葡萄园里放松身心，或选择历史悠久的村舍彻底放空，给自己一个惬意的悠长假期。

海湾沿线

⑳ Best Western Plus Brooklands of Mornington——莫宁顿小镇 🏠　　（M-D1）

作为全球最大的经济型连锁酒店品牌，贝斯特韦斯特（Best Western）的Logo在全世界随处可见。相比其他的连锁品牌，贝斯特韦斯特往往会更稳定，无论是房间状况还是位置。位于墨尔本到莫宁顿半岛交通要塞的贝斯特韦斯特酒店，藏身于莫宁顿小镇正中心占地超过1.2万平方米的美丽花园中，安宁静谧。步行不远就可到达当地的商店、餐厅以及海滩。

"最佳四星级建筑以及最高质量保证 (Best 4 Star Property and Highest Quality Assurance)"
"贝斯特韦斯特澳大利亚 (Best Western Australasia)" 2007/08，2008/09

🏠：99 Tanti Ave, Mornington, Victoria 3931
☎：03 5973 9200
✉：info@brooklandsofmornington.com.au
@：brooklandsofmornington.com.au
参考价格区间：800～1600元 / 晚

㉑ Stella's Dromana Hotel——Dromana 小镇上的怀旧时光 🏠 （M-D2）

在Dromana小镇的中心，穿过沿着海滩的马路，伫立着一栋古老的小楼。这就是由Richard Watkin始建于1857年的Dromana酒店。过去的两个多世纪里，几经转手，最终在1986年被Stella家族收购并更名为Stella's Dromana Hotel。酒店临街是一个小型赌场，24小时营业。深夜中可能是这个陷入沉睡的海边小镇上唯一一透出光亮和声响的场所。酒店的前台需要穿越赌场才能抵达，对于第一次抵达的客人可能是个小小的挑战。酒店的房间布置得古朴而温馨，仿佛穿越回19世纪的欧洲城郊。

🏠：151 Point Nepean Road Dromana, Victoria, 3936

☎：（03）5987 1922

@：http://www.dromanahotel.com.au

参考价格区间：600~1200元 / 晚

㉒ Best Western One Four Nelson at Rye Beach——沙滩上的贝斯特韦斯特 🏠
（M-B3）

贝斯特韦斯特尼尔森街14号度假酒店地处黑麦海滩（Rye Beach），酒店融合了城市的时尚和度假酒店的舒适，以亲民的价格令你沉溺其中。您只需穿过马路即可在海滩上享受让人流连忘返的悠闲时光。房间内的装修和布艺家居颇具现代风格，精美舒适。

🏠：14 Nelson Street, Rye, Victoria 3941

☎：03 5985 7222　传真：03 5985 7710

✉：enquiries@onefournelson.com.au

@：onefournelson.com.au

参考价格区间：800~1600元 / 晚

❖ 重点推荐

㉓ RACV 岬轴高尔夫度假村（RACV Cape Schanck Resort）
——位于天涯海角处的高尔夫度假村 🏠（M-C5）

RACV岬轴高尔夫度假村位于莫宁顿半岛的最南端，毗邻著名的斯参克岬（Cape Schanck）灯塔。度假村四周环绕国家公园，并可俯瞰巴斯海峡和菲利普港湾的壮观海景，是探索本地区美景的理想下榻地点。从这里出发，可轻松前往获奖的葡萄酒庄，保持着原始风貌的冲浪、游泳海滩，以及波特西港（Portsea）、索伦托、红山及福林德（Flinders）等地的热点旅游区域。

除美景以外，RACV岬轴高尔夫度假村最著名的还有其18洞70标准杆的高尔夫球场，由Robert Trent Jones设计，完美地结合了起伏的地形和峭壁岩石林立的海湾美景，始终在澳大利亚最顶尖的100座高尔夫球场中榜上有名。

所以无论是一次让自己恢复活力的假期探险，还是一次宠溺自己的浪漫之旅，RACV岬轴高尔夫度假村都会是你的理想住宿之选！

☑ TOP TIPS

RACV是成立于1903年的一个汽车俱乐部，旨在在当时的环境下服务维多利亚州社区，在会员中推广汽车文化和相关的服务。目前已经发展成为维多利亚州最大的社区俱乐部，拥有29000多名俱乐部会员以及200万普通会员，运营着1个城市俱乐部、1个乡村俱乐部及5个度假村。岬轴高尔夫度假村就是其中的一员。RACV会员在岬轴高尔夫度假村将享受标准房费8折的优惠，并包括一份丰盛的自助早餐。

☑ TOP TIPS

淡季和旺季的房间差价会在20%左右，淡季一般为4~9月，10月至下一年3月为旺季。度假村一般都是2个或者3个房间的别墅，房间越多的别墅，分摊下来的费用越划算。适合2个或者3个家庭出游。

🏠：Trent Jones Drv, Cape Schanck, Victoria 3939
☎：03 5950 8000　传真：03 5950 8111
✉：capeschanck@racv.com.au
@：www.racv.com.au/capeschanck
参考价格区间：1000~2000元 / 晚

㉔ Quarters，Flinders 酒店——旧貌新颜的精品酒店 🏠（M–D5）

　　始建于1889年的Flinders酒店，在历经一个多世纪的沧桑后，于2009年被Inge家族收购，从而焕发新颜，再次成为莫宁顿半岛的地标之一。与著名的斯参克岬灯塔遥相呼应，Flinders酒店位于巴斯海峡与西海湾交界处的Flinder角。2011年开放的"Terminus"餐厅在主厨Pierre Khodja的带领下，迅速发展为莫宁顿半岛上最好的餐厅之一，甚至还出现一桌难求的情况。Quarters精品酒店开放于2012年10月，只有40个房间。优越的地理位置使这里成为探索西海湾的理想之选，毗邻著名的莫宁顿半岛温泉、草莓园以及莫宁顿半岛巧克力工厂。

☑ TOP TIPS

　　Terminus餐厅周四到周六18:00开始晚餐，周六和周日中午开始午餐。需要预订！Quarters酒店最好至少提前两周预订。

🏠 ：Corner of Cook and Wood Street, Flinders Victoria 3939

☎：03 5989 0201

✉：info@flindershotel.com.au

@：//www.flindershotel.com.au/

参考价格区间：1000～1800元 / 晚

山区地区

❖ **重点推荐**

㉕ 红山林登得里度假酒店（Lindenderry at Red Hill）——红山腹地的葡萄酒庄园度假村 📷
（M-D3）

坐落于莫宁顿半岛最精华地段的红山林登得里度假酒店是维多利亚州最好的田园住宅式酒店之一，周边簇拥着屡获殊荣的餐厅、大大小小的精品酒庄及林林总总的画廊和农场。沿着如画般的林荫山路蜿蜒前行，驶入一个出色的欧式园林建筑，就是林登得里度假酒店了。酒店坐落在12万平方米修剪整齐的花园与葡萄园之中，入住其中，就好似拥有了自己的乡村宅邸一般，气氛私密且闲适。

虽然占地广阔，但酒店只有40个房间。得益于酒店的主人Jan Clark本人就是一位出色的室内和园林设计师，整个酒店和花园充满了各种工艺品、雕塑和古董收藏。更难得的是每个房间都被设计为不同的风格和景观，或面对花园，或朝向私人庭院，或遥望葡萄园。房间和走廊里面也巧妙地悬挂或者摆放了来自本地和国际艺术家的作品，其中更是不乏名家之作。

鲜花簇拥的菩提树（Linden Tree）餐厅，也因为其创新的时令菜单以及丰富的本地葡萄酒酒单而广受称赞。值得一提的是Lindenderry at Red Hill还是一个葡萄酒品牌，拥有3公顷的葡萄田，分别分布在Lancemore Hill in the Macedon Ranges和Lindenwarrah at Milawa。虽产量很少，几乎只能在酒庄的酒窖里面买到，却被詹姆斯•哈利德的《葡萄酒指南》评为五星酒庄。

☑ TOP TIPS

林登得里度假酒店的酒窖位于度假村内，除周五休息外，其余每天从11:00开放到17:00。酒窖内提供午餐简餐，有各种小食和人气很高的木烤比萨。您可以摇晃着获奖年份的葡萄酒，遥望窗外连绵起伏的山丘和葡萄田，在这里轻松惬意地度过一个下午。

☑ TOP TIPS

酒店提供莫宁顿温泉和林登得里度假酒店的套餐，而且有时如果连住两个晚上，还可以赠送一顿午餐，价格比较划算。建议出行前到酒店的官网上查询符合出行日期的最佳套餐。

🏠：142 Arthurs Seat Road, Red Hill, Victoria 3937
☎：03 5989 2933 传真：03 5989 2936
✉：info@lindenderry.com.au
@：http://www.lindenderry.com.au/
餐厅营业时间：周三至周日的午餐，周四、周五和周六的晚餐，每周7天的早餐
参考价格区间：1300～2300元 / 晚

㉖ 珀翡酒庄酒店——躺在床上看葡萄田的精品奢华酒店 🏠 （M-D3）

　　如果说独特的建筑设计是珀翡酒庄的外观特色，那设计精巧的暗门则是其藏起来的机关。一道必须刷卡才能通行的暗门后面是一部小小的电梯以及一段长长的楼梯，通往下面的精品酒店。6个房间以珀翡的6种旗舰酒命名，呈环抱状互相依偎，拉开玻璃门就能直接走入葡萄田。援引房间设计师的理念："实现与葡萄田的零距离接触！"

☑ TOP TIPS

　　酒店预订需要预付款，暂不接受银联卡。入住48小时前取消预订，不收取任何费用。48小时内取消，扣除预付款的30%。酒店房间的费用根据预订情况和淡旺季、是否周末而浮动较大，建议计划行程时关注酒店的官网。

https://www.thebookingbutton.com.au/properties/portphillipestdirect?locale=en

🏠 ：263 Red Hill Road, Red Hill South Victoria 3937

☎ ：03 5989 4444

✉ ：reservations@portphillipestate.com.au

@：www.portphillipestate.com.au

参考价格区间：2500～5000元 / 晚

27 Langdons of Red Hill 🏠 (M-D3)

Langdons of Red Hill有两种住宿选择：Langdons of Red Hill: B&B和Langdons of Red Hill: Cottage。顾名思义，Langdons of Red Hill: B&B提供房间和早餐，有4间温馨的双床套房，每间房间都有自己的私人阳台。Langdons of Red Hill: Cottage则是具有两个房间的双层农舍，备有全套的厨房用具，完全自助。楼上房间是大床房，楼下房间有两张小床，适合一家四口或者两对夫妇。

🏠：52-54 Arthurs Seat Road, Red Hill South 3937　Mel：191 A5

☎：03 5989 2965

✉：langdonsofredhill@bigpond.com.au

@：www.langdons.com.au

☑ TOP TIPS

"吃在莫宁顿"曾经重点推荐了莫宁顿半岛上的首家酒庄餐厅——Max's餐厅，并提及了餐厅主人Max同时经营着住宿业务。和餐厅在同一个酒庄，有Max's Cottage at Red Hill Estate和Max's Retreat，虽各有特色，但都充满了一派田园风光。

28 Max's Cottage at Red Hill Estate 🏠 (M-D4)

Max's Cottage是由庄园的老农舍改建而来的，俯瞰西海湾和菲利普小岛。农舍有两间大床房套房，其中一间甚至配有水疗浴缸。房间改造中保留了原结构的木地板，厨房、餐厅和客厅打通为一体，通透而舒适。农舍的阳台俯瞰连绵起伏的葡萄园，一直到远处的海湾，暖暖的傍晚伴着日落烧烤，已经无法分辨是酒醉还是人醉！

㉙ Max's Retreat 🏠（M–D4）

Max's Retreat位于红山镇中心，由曾经的女童子军礼堂改建而成。周围簇拥着本地餐馆、商店、画廊，与著名的红山市场咫尺之遥。度假村掩映在大自然的灌木丛中，安静而惬意。4个大床房都有独立的卫生间以及自己通往花园的阳台。

🏠：53 Shoreham Road, Red Hill South 3937
☎：0419 873597
✉：stay@maxsretreat.com.au
@：www.maxsretreat.com.au

☑ TOP TIPS

Max's Cottage at Red Hill Estate大约每晚1500元，包括早餐和一瓶赠送的红山酒庄气泡葡萄酒。农舍两晚起订。

Max's Retreat大约每晚1100元，四个房间每晚共4000元，包括早餐和一瓶赠送的红山酒庄气泡葡萄酒。两晚起订。另外，Max's Retreat提供晚上的派对服务，有专业厨师来烧菜，8人起订，人均约500元。

两家酒店均比较紧俏，一般提前一个月到一个半月预订，旺季（如11月和圣诞节）需要提前半年以上预订。

㉚ Hart's Farm——黑比诺殿堂里的"农家乐" 🏠 （M-D4）

Hart's Farm是一家隐藏在山林里的精品B&B，独栋的房子仅仅设了一间卧室，其余的都是公共空间。客人甚至可以邀请一群朋友来这里开晚餐派对，俨然是自己的乡村别墅。农舍的位置得天独厚，俯瞰郁郁葱葱的橄榄园以及连绵起伏的葡萄田，天气晴好的时候，远处的海湾隐约可见。除了住宿和早餐，农舍还提供定制的午餐和晚餐，会有专业的厨师过来烧菜，更难得的是吃到的蔬菜大多来自己农舍的菜园。在橄榄成熟的季节，客人可以参与当地的橄榄采摘，野趣十足。实为难得的是农舍还提供可以上门的按摩服务。离开时，可以购买主人家自制的果酱、橄榄油和其他土特产，满载而归。

🏠：300 Tucks Road, Shoreham, 3916　Mel：255 G2　☎：03 5989 6167
✉：info@hartsfarm.com.au　@：www.hartsfarm.com.au
*最少入住两晚

☑ **TOP TIPS**

房间价格只包括住宿和早餐，其他服务均为付费服务。农舍非常紧俏，大约要提前一个月预订。旺季需要提前更多时间。

㉛ Mantons Creek 酒庄农舍——酒庄里的 B&B 🏠 （M-D4）

刚刚开张不久的Mantons Creek酒庄农舍，可俯瞰美丽的葡萄园，提供住宿和早餐。农舍有4间双床房，提供欧式烹饪，随意而舒适。

🏠：240 Tucks Road, Shoreham 3916　☎：03 5989 6264
✉：info@mantonscreekestate.com.au　@：www.mantonscreekestate.com.au

㉜ Anderida——酒乡里的浪漫小假期 🏠 （M-D3）

适合情侣和夫妇入住，毗邻红山，现代时尚的装修风格，私家花园，浪漫而悠闲。

🏠：51 Bellingham Rd., Arthurs Seat 3936　☎：0415 591 106
✉：info@anderida.com.au　@：www.anderida.com.au

☑ **TOP TIPS**

房间大约1100元整栋，但是极其紧俏，需要至少提前2个月到3个月预订。如果是旺季，则需要提前半年以上预订。

乐在莫宁顿

33 斯参克岬灯塔 （M-C5）

斯参克岬灯塔位于维多利亚州的最南端，是莫宁顿半岛毋庸置疑的地标。历史悠久的灯塔始建于19世纪初，是迄今为止为数不多的仍能正常运作的灯塔之一。灯塔全年开放，游客可攀至21米高的灯塔顶层露台眺望碧蓝的巴斯海峡，自每年5月下旬开始，可以看到壮观的鲸鱼迁徙，或者驻足博物馆，领略这里独特的历史变迁。

在斯参克岬灯塔可以体验一下绝对特色的住宿——由灯塔管理员宿舍改建而成的酒店，设有3间小屋和单独的未设厨房的巡视员套房（两间一居室和两间配有两张大床的三居室），最多可以容纳22人。如果游客需要，这里还可以供应早餐。古老的马厩里可以进行集体聚餐和开展社交活动，夏季壮丽的夕阳晚餐令人终生难忘。三居室的小屋设有壁炉。其中一间三居室的小屋和博物馆小屋还配备了分体空调。

☑ TOP TIPS

活动安排

　　您可以踏着步道观赏壮观的海景、探访斯参克岬的私密之地，或是在夕阳西下后小酌一番。第二天清晨带上便当前往丛林湾 (Bushrangers Bay) 野餐。

　　在山间您可能会在不经意间瞥见袋鼠的身影，或发现巨型南露脊鲸、海豹和海豚浮出水面向你打招呼。

　　您可以漫步到芬加尔海滩 (Fingal Beach) 欣赏迷人的美景，如果您有足够精力的话，还可以沿崖顶前往根纳玛塔冲浪海滩 (Gunamatta surf beach)攀岩、潜水或浮潜，此外，步道底的岩石潭景观奇美，值得一观。

☑ TOP TIPS

　　斯参克岬灯塔区域GPS信号不稳定，建议大家提前查好线路地图。接近灯塔的交通指示是：在莫宁顿半岛高速路 (Mornington Peninsula Freeway) 尽头左转进入博内奥路 (Boneo Road)，途经RACV乡村俱乐部高尔夫球场 (RACV Country Club Golf Course)，然后右转进入斯参克岬路 (Cape Schanck Road)，在公路尽头驶入停车场到达服务亭。

🏠：420 Cape Schanck Rd, Cape Schanck, Victoria 3939

☎：03 5988 6184　免费电话: 1800 238 938

✉：info@capeschancklighthouse.com.au

@：capeschancklighthouse.com.au

34 蒙纳高尔夫度假村 (Moonah Links Golf Complex) （M-B4）

蒙纳高尔夫度假村是到现今为止维多利亚州史上最大的高尔夫度假胜地，由数个世界顶级的高尔夫球场组成：公开赛球场 (Open Course) 和传奇球场 (Legends Course)等。

蒙纳高尔夫度假村的锦标赛球场 (Championship Course) 是第一个举办国家锦标赛的18洞球场，球场看台视野绝佳。这个球场曾经是2003年澳大利亚高尔夫球公开赛的举办场所，并且是澳大利亚最长的球场之一，也可能是世界上这一级别最长的球场。

和以挑战当代冠军为目的而修建的公开赛球场相比，传奇球场更加适合不同年龄和水平的高尔夫球手。传奇球场是一个18洞的环形球场，依山谷而建，风景秀美，其地势沿古老的蒙纳林地一直绵延到开阔的土地上。

蒙纳高尔夫度假村里有92间豪华客房以及设施完备的高尔夫会所，内设会议设施、酒吧、会员休息厅、餐厅、水疗、储物柜和更衣室。会所内的高尔夫专卖店提供各种专业的高尔夫用具和服装。

🏠: Peter Thompson Drive, Fingal, Victoria 3939

☎: 03 5988 2088　传真: 03 5988 2094

✉: moonah@moonahlinks.com.au

@: moonahlinks.com.au

㉟半岛温泉和日间水疗中心 (Peninsula Hot Springs & Day SPA) 📞 （M-B4）

随着在莫宁顿半岛以下637米处发现了大量天然恒温的50℃治愈性矿物质水，半岛温泉和日间水疗中心应运而生，完美地将世界各地的泡汤文化精髓融汇在墨尔本独特的海滨环境中。

半岛温泉是澳大利亚唯一的天然矿物温泉泡汤和日间水疗设施，提供放松和愉悦的水疗体验。私人水疗梦想中心着重于用宁静的空间、私人汤池（不适合未满16周岁的儿童），以及一系列放松水疗来放松身体、思想和精神。水疗中心咖啡馆是你与同伴或朋友享受午餐的最佳场所。每天都提供早餐和午餐，周五、周六和周二晚上提供晚餐和泡汤套餐。

汤池房拥有各种不同主题的泡汤选择。你可以在20多个泡汤体验中休息放松、恢复活力和发现乐趣，这些体验包括洞穴池、反射散步、水疗池、热流沟、桑拿等各种选择。汤池房中的咖啡店每天提供午餐。

☑ TOP TIPS

各种设施中，仅按摩、水疗及私人汤池需要预约，且需在预约水疗时支付预付款。如果提前24小时通知取消，则可全额退款。

☑ TOP TIPS

当地路线指引

温泉背倚Rye，位于蒙纳高尔夫球场附近。从莫宁顿半岛高速公路一头左转进入Boneo路，然后右转入Browns路。右转入Truemans路再左转入Browns路。沿Browns路行驶2000米，左侧便是温泉。

🏠 : Springs Lane, Fingal, Victoria 3939
☎ : 03 5950 8777　传真: 03 5950 8705
✉ : relax@peninsulahotsprings.com
@: peninsulahotsprings.com

36 月光之旅野生动物保护园（Moonlit Sanctuary Wildlife Conservation Park） （M-C1）

　　曾荣获维多利亚州生态旅游奖的月光之旅野生动物保护园位于美丽的丛林之中，距离墨尔本市中心仅50分钟的车程。在英国著名的自然保护主义者杰拉德·德雷尔的影响和启发下，月光之旅野生动物保护园现已为50种澳大利亚物种提供了家园。包括80只小袋鼠在内的许多动物们都自由地漫步在丛林中，给游客们提供了少有的和大自然美丽邂逅的机会。在这里，你可以抱一抱考拉，喂一下小袋鼠，并参观一些饲养在大型天然围栏中的濒危物种，如长相奇特的长尾石鸻等，在莫宁顿半岛的上空，已经有60多年没有出现过这种鸟儿的鸣叫了。

　　在月光之旅野生动物保护园里，色彩缤纷的鹦鹉比比皆是，水鸟们栖息在广阔的湿地上，游客可以品尝在繁茂的丛林食物花园里的美食。到了晚上，月光之旅野生动物保护园别有一番热闹的景象，这里有世界著名的灯笼之旅。猫头鹰和其他夜间活动的鸟类这时都活跃起来了；不管是小小的羽尾袋鼯，还是体型较大的黄腹袋鼯，都不时飞冲下来；袋鼬、小型沙袋鼠和其他袋鼠也都出来觅食了。让游客们感到不可思议的是，即使是像小袋鼠这样的动物，到了晚上也变得非常活跃。

☑ TOP TIPS

当地路线指引

　　月光之旅野生动物保护园距墨尔本市中心仅50分钟的车程：沿着莫纳什高速 (Monash Freeway) (M1) 行驶，直至高速路延伸至西港高速 (Western Port Highway) (A780)，在C781处左转，根据路标提示即可到达。从菲利普岛、弗兰克斯顿 (Frankston) 和莫宁顿半岛前往月光之旅野生动物保护园也非常方便。

☑ TOP TIPS

月光之旅野生动物保护园是莫宁顿半岛景点套票中包含的七大景点之一。购买莫宁顿半岛景点套票，最高可节省门票40%的费用，参观4个景点可以获得额外奖励，参观3个以上景点就可以享受折扣。套票成人价格为55美元（所有门票价格总零售价为80美元以上），儿童价格为40美元。在月光之旅野生动物保护园就可以购买套票，或者参加Bunyip Tours旅行社的企鹅参观之行。

🏠：550 TyabbTooradin Road, Pearcedale, Victoria 3912
☎：03 5978 7935   传真：03 5978 7934
✉：info@moonlit-sanctuary.com   @：moonlitsanctuary.com.au
价格：成人日间门票价格：18美元 / 人
开放时间：夜间参观从黄昏开始，请在预订时查询具体时间

37 雅思迷宫及薰衣草花园（Ashcombe Maze & Lavender Gardens） （M-D4）

　　占地10万平方米的雅思迷宫及薰衣草花园拥有澳大利亚最古老和最著名的树篱迷宫、美丽的圆形玫瑰迷宫和常年开花的薰衣草迷宫。无论是夏天、秋天、冬天还是春天，雅思迷宫及薰衣草花园总有一些美好的事物等待您来体验。

　　传统的树篱迷宫种有1000多棵柏树，包括上千米的小径。树篱超过3米高、2米厚，每年由专业人员进行三次修剪以保持其优美的树篱造型，给人以灵动、愉悦的感觉。

　　薰衣草迷宫种有常年开花的薰衣草，从中央望去，一排排的薰衣草非常吸引人。薰衣草花园种植了40多个不同品种的薰衣草，给游客提供了深入了解薰衣草历史的机会。

　　由1200株、200多种不同颜色和香气的玫瑰花围成的圆形玫瑰迷宫，也是世界上最早的玫瑰迷宫。即使无法按照游戏规则完成迷宫之旅，你也一样可以驻足其中，陶醉在玫瑰花香之中。

　　游客还可以通过自行导向的花园探索小径在花园中漫步。其中著名的大雅思小矮人寻觅活动适合所有年龄段的游客。

　　走累了，可以在雅思迷宫咖啡馆中小憩一下。俯瞰迷人的花园，品尝一下著名的雅思"玫瑰花瓣"司康饼和咖啡。

TOP TIPS

当地路线指引

  去往雅思迷宫和薰衣草花园最简单的方式是从墨尔本沿莫纳什高速公路（M1），然后从莫宁顿半岛／黑斯廷斯（Hastings）出口出去。到达西港高速公路（A780）和黑斯廷斯。然后顺着"弗林德斯（Flinders）"路标（C777），注意棕色的雅思迷宫旅游标志牌，跟着标志牌到达肖勒姆（Shoreham），距离弗林德斯镇 7 千米。

🏠：15 Shoreham Rd, Shoreham, Victoria 3916

☎：03 5989 8387　传真：03 5989 8700

✉：ashcombe@ashcombemaze.com.au

@：ashcombemaze.com.au

38 波佩罗海豚表演（Polperro Dolphin Swims） （M-D4）

  在波佩罗号的海豚、海豹表演和观光之旅中，游客抓着系在波佩罗号船尾的长绳，静待这些好奇的生物来接近长绳。这种旅游方式，加上船员对乘客的细心培训和监护，意味着即使不会游泳的人也可以很好地享受这种体验。

  波佩罗号对乘客数量有着严格的限制，从而确保每位乘客都有足够的机会下水，或是站在甲板上观看。观看海礁和海豹游泳也是波佩罗号旅程的一部分。由于海湾中丰富的水生生物充满了奇幻的奥秘，对于游客，即使是当地人来说都是一次充满启发的探索和体验。

☑ TOP TIPS

　游船在Sorrento码头登船，位于Sorrento镇中心，搭乘Queenscliff方向的游船。正常情况下每天两班，8:00和12:00各一班，但是会因为天气原因调整。建议计划行程时，一定要电话或者邮件预订，得到确认信息后再出发。

项目	价格 (美元)
下水观赏	135.00
游船观赏	55.00
儿童票	35.00

🏠 ： Polperro Dolphin Swims, Sorrento Pier, Esplanade, SORRENTO, Victoria, 3942
☎ ： 03 5988 8437　📱 ： 0428 174 160
✉ ： crew@polperro.com.au
@ ： http://www.polperro.com.au/

㊴ 阳光草莓园 (Sunny Ridge Strawberry Farm) 📞 （M–D4）

坐落在莫宁顿半岛葡萄酒产区腹地的阳光草莓园是澳大利亚最大的草莓出产地，是已经传承到第三代的家族产业。每年11月到下一年5月的草莓园采摘活动已经成为莫宁顿半岛的招牌旅游项目之一。在草莓园中可以尽情地享受阳光及各种自酿的获奖果酒和利口酒，在草莓咖啡馆里可以品尝获奖的鲜果冰激凌及美味诱人的浆果甜点和点心，离开时还可以选购当地的美食特产和精美礼品。

🏠：244 Shands Rd, Main Ridge, Victoria 3928
☎：03 5989 4500
传真：03 5989 6363
✉：info@sunnyridge.com.au
@：sunnyridge.com.au
开放时间：全年开放（除圣诞节、新年和耶稣受难日外）

莫宁顿半岛活动一览

美食与美酒：

2月，举办两年一次的黑比诺庆典；6月，冬季葡萄酒周末；10月，举办莫宁顿缅因街美食美酒和表演艺术节。

精美的艺术：

欣赏本地和国际艺术家参加的梦托驼雕塑奖或两年举办一次的麦克莱兰美术馆雕塑奖的作品展览。在弗兰克斯顿沙雕锦标赛上欣赏那些壮观的沙雕作品展示。

运动赛事：

波特西传统游泳赛是澳大利亚最大的公开水域的游泳比赛之一。和众人一同登上Arthurs Seat山，观赏先驱太阳报自行车巡回赛第四赛段酣畅淋漓的比赛，这是澳大利亚历史最悠久的自行车分站赛。

水上轮渡——连接莫宁顿半岛与维多利亚州陆地的捷径

40分钟的渡轮之旅贯通莫宁顿半岛与大洋路和菲利普岛，大大节约了时间和车程。在此期间，您大可将风光无限好的壮观海岸线、豪华巨轮，甚至是零星的海豚都尽收眼底。又或是啜饮咖啡，品尝佛卡夏面包，品味船载售货亭的冰激凌。双体船在各种天气状况下均可出行，每艘船可搭载多达700名乘客及80辆车。

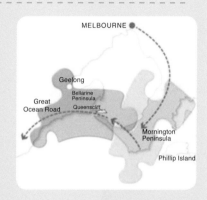

营运时间：

全天候渡轮从7:00运营到18:00，整点出发，全年营运。从12月26日至维多利亚州夏令时结束期间，有19:00出发的渡轮。

渡轮从女皇崖的女皇崖港口及索伦托的索伦托码头出发。

🚗 目前面向步行和驾车旅客开放预约。建议有车乘客至少提前30分钟抵达码头。

🚌 大型客车需预订，提前7天为宜，价格以实际为准。

🏠：1 Wharf St, Queenscliff, Victoria 3225

☎：03 5258 3244　传真: 03 5258 1877

✉：travel@searoad.com.au　@：searoad.com.au

莫宁顿与大洋路之旅的亲密接触

如果把维多利亚州的旅游目的地按照受欢迎程度来排名，80%以上排名首位的会是大洋路的探索之旅。在后面的"乐在格兰屏"中有关于大洋路的详细介绍。大家最熟悉的经典路线是从墨尔本出发，再回到墨尔本，似乎很少有人知道如何将莫宁顿半岛的酒乡之旅巧妙地融入大洋路的探索之旅，而又不会浪费时间。这个诀窍就在索伦托和女皇崖两个码头之间的载车渡轮。在女皇崖登陆后，驱车小段路程就能与壮观的大洋路交会，继续大南部的探索之旅。

🍷 格兰屏产区

葡萄酒星球

格兰屏产区

🍷 格兰屏概述

　　与雅拉谷和莫宁顿半岛相比，格兰屏似乎没有那么出名，尤其是雅拉谷和莫宁顿半岛到墨尔本只有1个小时的车程，因此3个多小时的车程也使得格兰屏显得有点儿远。但是对于喜欢探索的旅行者们来说，格兰屏仍以其壮观的景色、悠久的淘金和原住民历史以及纯天然的当地美食与美酒被奉为圣地。位于格兰屏核心地带的格兰屏国家公园是澳大利亚最大的国家公园之一，4亿年前的地壳运动，造成了格兰屏高山崛起、巨岩耸立的奇景，再历经风霜雨水的侵蚀琢刻，这里的岩壁更加险峻神秘。据介绍，维多利亚州的大多数原住民遗址都在格兰屏，原住民部落与此地已有22000多年的渊源，他们把格兰屏称为加里维德（Gariwerd），这里有古代灶墩和60处岩画遗址。在石壁上，还留有澳大利亚原住民绘制的红白相间的库利壁画遗迹（Koorr Art）。约有4000幅库利壁画在格兰屏国家公园被发现，库利壁画是澳大利亚原住民留在石壁上的纵横线条、人形、手掌及食火鸡的图形组合，最早的作品已有5000多年的历史，是珍贵的历史遗迹。

如何抵达格兰屏国家公园

🚗 驾车

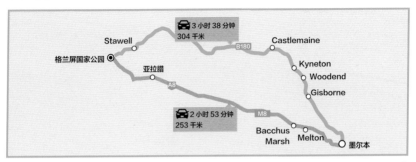

从墨尔本市区出发，由M1转入M8，而后由National Highway A8驶入亚拉腊（Ararat）的Barkly St，然后沿着Halls Gap-Ararat Rd/C222驶入霍尔斯峡（Halls Gap）的Grampians Rd/C216，到达格兰屏国家公园。这条路线较为快捷，但行程宽裕的游客也可选择B180公路，欣赏更美的风景。

◎ 山区内交通

格兰屏国家公园到葡萄酒产区腹地大西区（Great western），约半个小时路程。

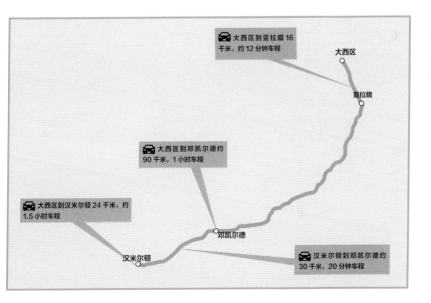

格兰屏推荐路线 1　淘金古镇探险 / 原住民文化之旅

Day 1

| 墨尔本机场 | 巴拉瑞特（Ballarat） | 亚拉腊 |

- 🚗 墨尔本机场——巴拉瑞特 [入住、午餐]　车程：约 1 小时
- 🚗 巴拉瑞特——亚拉腊 [观光、晚餐]　车程：10 分钟

　　从机场出发，车行一小时便能抵达位于墨尔本以西 105 千米的淘金古镇巴拉瑞特。这座小镇曾是 19 世纪中叶澳大利亚淘金热的中心，金矿被废弃后成为观光胜地。想一窥 "黄金古城" 往昔的辉煌，感受淘金文化，巴拉瑞特的疏芬山（Sovereign Hill）将是此程的最佳起点。在疏芬山可以亲身体验淘金，探索地下矿井，度过欢乐充实的一天。

☑ TOP TIPS

　　进入疏芬山需要购买门票，门票包含黄金博物馆、全天的免费活动以及红山矿井游。乘坐马车与游览金矿需额外付费。

　　疏芬山的开放时间：

　　每天 10:00—17:00，圣诞节除外 / 夏时制期间开到 17:30/现场无限期免费停车。

🏠 结束疏芬山的游览后，可驱车至亚拉腊入住及就餐。亚拉腊是附近半小时车程区域内唯一有便利住宿和餐饮服务的小镇。

Day 2

| 亚拉腊 | 大西区（Great Western） | 亚拉腊 |

- 🚗 亚拉腊——伯乐酒庄 [午餐]　车程：约 10 分钟
- 🚗 伯乐酒庄——贝思酒庄（Best's Great Western）　车程：约 5 分钟
- 🚗 贝思酒庄——亚拉腊 [晚餐]　车程：约 15 分钟

　　大西区是格兰屏的主要村庄，也是这个酿酒圣地的心脏地带。这里气候凉爽，以优质的设拉子闻名。贝思酒庄的酿酒历史长达 150 年，是澳大利亚最古老的酒庄之一。无论伯乐酒庄还是贝思酒庄，都可以欣赏到美丽的田园风光。亚拉腊的农夫市场每月的第二周开放，出售新鲜蔬果和有机食品，以及当地特色的手工艺品，闲暇时可以来这里逛逛。

🏠 这一日无须更换酒店，晚上可以继续住在亚拉腊。亚拉腊曾有众多华人居住，经受过亚洲文化的洗礼，这里不仅有澳大利亚餐厅、中餐厅，还有地道的日本料理。

Day 3

| 亚拉腊 | 格兰屏国家公园
（Grampians National Park） | 布朗巴克原住民文化中心
（Brambuk The National Park & Cultural Centre） | 邓凯尔德
（Dunkeld） |

- 🚗 亚拉腊——朗节酒庄 [观光]　车程：约 20 分钟
- 🚗 朗节酒庄——贺思盖（Halls Gap）/ 布朗巴克原住民文化中心 [观光、午餐]　车程：约 1 小时
- 🚗 布朗巴克原住民文化中心——邓凯尔德 [晚餐]　车程：约 9 分钟

　　格兰屏国家公园是维多利亚州最大的原始公园，其间怪岩耸立，野生动物众多。主要景点包括山顶阳台（The Balconies）和 MacKenzie 瀑布。公园提供宿营地，如果不满足走马观花，也可以在此扎营，享受篝火和烧烤，欣赏南半球的美丽夜空。

　　布朗巴克由澳大利亚原住民拥有并负责运营，是澳大利亚历史最悠久的原住民文化中心。除了欣赏当地屡获殊荣的原住民建筑，游客还可以参加多种有浓郁文化特色的娱乐活动，如迪吉里杜管音乐、传统舞蹈、投掷回旋镖等。

🏠 邓凯尔德的皇家邮政酒店（Royal Mail Hotel，地址：98 Parker St, Dunkeld VIC 3294）是品位高尚的优质选择，环境优雅舒适，但价格偏高。在距邓凯尔德30分钟车程的邻镇汉米尔顿镇可以找到比较实惠的酒店和民宿。

Day 4

邓凯尔德	汉米尔顿（Hamilton）

🚐 邓凯尔德——汉米尔顿　[休闲]　车程：约30分钟

　　汉米尔顿是格兰屏的文化中心。当地的野生动植物、传统艺术和以畜牧业为中心的特色文化都会令人耳目一新。经过3天的旅行，在汉米尔顿稍作休整，品尝当地美食美酒，将是深入体验当地生活的绝好机会。小镇上的生活悠闲而不无聊，在汉米尔顿湖上泛舟或钓鱼，或参观汉米尔顿美术馆（Hamilton Art Gallery），一览澳大利亚宝贵的艺术遗产都是不错的选择。

Day 5

线路1	汉米尔顿	库纳瓦拉（Coonawarra）	南澳大利亚
线路2	汉米尔顿	墨尔本	

🚐 汉米尔顿——库纳瓦拉　车程：约2小时
🚐 汉米尔顿——墨尔本　车程：约3.5小时

　　库纳瓦拉是连接澳大利亚两大葡萄酒产区——维多利亚州和南澳大利亚州的重要交通枢纽，也是澳大利亚最神秘的红土产区。这里的石灰岩土壤富含铁质、兼具极佳的保水性与渗透性，出产的赤霞珠享有盛誉。

格兰屏推荐路线2　维多利亚州奇景之旅

Day 1

墨尔本机场	阿波罗湾（Apollo Bay）

大洋路自驾路线
🚐 墨尔本机场——吉朗（Geelong）——托基（Torquay）——洛恩（Lorne）——阿波罗湾
车程：总车程约3小时

　　从机场出发西行一个半小时抵达著名的冲浪小镇托基，奇景遍布的大洋路自驾路线自此正式开启。旅途中根据需要，可以选择在洛恩休息并用餐。洛恩雨林环绕，南面大海，是疗养度假胜地。不妨在这里散步，享用过美味海鲜，喝杯咖啡再继续旅程。

🏠 阿波罗湾有"大洋路天堂小镇"之称，游客络绎不绝，小镇上有很多不错的酒店供选择。

✓ TOP TIPS

吉朗美术馆（Geelong Gallery）
吉朗美术馆收藏了大量19世纪至20世纪的绘画作品，其中不乏国家级展品。美术馆每日10:00—17:00开放。

Day 2

| 阿波罗湾 | 瓦南布尔（Warranambool） | 仙女港（Port Fairy） |

🚗 阿波罗湾——瓦南布尔/仙女港[观光] 车程：3～4个小时

早晨从阿波罗湾出发，沿海岸线向西北方行驶，3小时后便能抵达海边城市瓦南布尔。途中会先后经过十二门徒石（Twelve Apostles）和瓦南布尔群岛湾（Bay of Islands），这两处是大洋路沿线最受游客欢迎的景点，可以根据需要停车欣赏风景并休整。

仙女港在瓦南布尔的西北方向，时间不够充裕也可以选择第二天再前往游览。从仙女港乘船至火山小岛（Lady Julia Percy Island），在岛上的野生动物保护区可以近距离接触海豹。每年6月至9月是观鲸的季节，幸运的话可以看到南露脊鲸。

🏠 当日可以在瓦南布尔或仙女港入住酒店。

Day 3

| 仙女港 | 贺思盖/邓凯尔德 |

🚗 仙女港——贺思盖[观光] 车程：约2.5小时
🚗 仙女港——邓凯尔德[观光] 车程：约3小时

行车至贺思盖可以游览格兰芬山国家公园。除了欣赏山顶阳台（The Balconies）和 MacKenzie瀑布等壮美的自然景观，这里还有原住民留下的珍宝，园区的石壁上现有约4000幅澳大利亚原住民绘制的红白相间的库利壁画遗迹（Koorr Art）。

🏠 预算充裕的话可以选择邓凯尔德的皇家邮政酒店（Royal Mail Hotel，地址：98 Parker St, Dunkeld VIC 3294）。邓凯尔德和贺思盖均有性价比较高的民宿或度假酒店供选择。

Day 4

| 贺思盖/邓凯尔德 | 亚拉腊 |

🚗 贺思盖/邓凯尔德——亚拉腊[观光] 车程：约2.5小时

抵达维多利亚州第三大城市亚拉腊后，可以游览疏芬山淘金古镇，古镇上有160名工作人员穿着旧式服装接待游客，让参观者身临其境，恍如隔世。距疏芬山仅5分钟路程的亚拉腊野生动物园（Ballarat Wildlife Park）也是不错的选择，园内有考拉、袋熊、袋鼠和鳄鱼等澳大利亚野生动物。

☑ TOP TIPS

亚拉腊野生动物园
地址：Fussell St Ballarat East VIC 3350 Australia
开放时间：周一至周日 9:00 -17:30
活动时间：每天11:00提供导游服务，星期六和星期天13:00有喂食表演

Day 5

| 亚拉腊 | 墨尔本 |

🚗 亚拉腊——墨尔本 车程：约2.5小时

返回墨尔本的途中会经过仿中世纪古堡克里尔城堡（Kryal Castle），地点距亚拉腊一小时车程。城堡中有多种特色表演，包括中世纪骑士比武、护卫队训练、射箭练习等。城堡还提供住宿服务，可以在此留宿一晚，体验中世纪国王或王后的生活。

TOP TIPS

格兰屏地区游客中心

Ararat & Grampians 游客信息中心
地址：91 High Street, Ararat　电话：03 5355 0281

Avoca & Pyrenees 游客信息中心
地址：122 High Street, Avoca　电话：03 5465 1000

Beaufort & Pyrenees 游客信息中心
地址：72 Neill Street, Beaufort　电话：03 5349 1180

Casterton 游客信息中心
地址：Shiels Terrace, Casterton　电话：03 5581 2070

Dunkeld & Grampians 游客信息中心
地址：Parker Street, Dunkeld　电话：03 5577 2558

Halls Gap & Grampians 游客信息中心
地址：255-275 Grampians Road, Halls Gap　电话：1800 065 599（澳大利亚境内拨打免费）

Hamilton & Grampians 游客信息中心
地址：Lonsdale Street, Hamilton　电话：1800 807 056（澳大利亚境内拨打免费）

Horsham & Grampians 游客信息中心
地址：20 O'Callaghan Parade, Horsham　电话：1800 633 218（澳大利亚境内拨打免费）

St Arnaud 游客信息中心
地址：4 Napier Street, St Arnaud　电话：03 5495 1268

Stawell & Grampians 游客信息中心
地址：Central Park, 6 Main Street, Stawell　电话：1800 330 080（澳大利亚境内拨打免费）

你知道吗?

格兰屏的小镇文化

　　虽然地处山区，但格兰屏地区的小镇文化却非常丰富。大大小小13个小镇散落在国家公园的腹地或者周边。每个小镇都有自己明显的特色，风景如画的小镇霍尔斯峡位于格兰屏国家公园的中心，可以眺望远处的万得兰山脉（Wonderland Range）和威廉山脉（Mt William Range）。到淘金小镇亚拉腊，一定要看看金山博物馆。博物馆讲述了华人淘金矿工的故事。这个地区的其他小镇有Stawell（以复活节礼物著称）、Horsham和汉米尔顿，后两个小镇以花园、艺术馆和博物馆著称。还有以Royal Mail Hotel而出名的邓凯尔德、顶级凉爽设拉子葡萄酒产区大西区以及森林公园里的山区小镇Pomona和Wartook。其中10个小镇设有游客中心，可以免费帮游客预订住宿和餐厅。

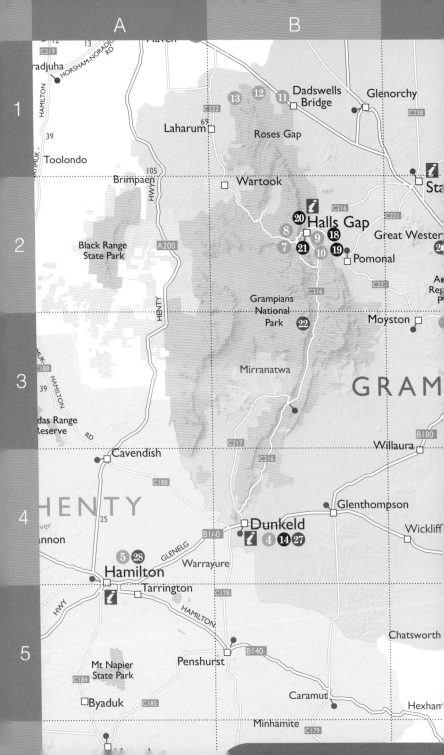

游在格兰屏

作为探险家的天堂，格兰屏成就了设拉子在凉爽气候的再造辉煌。虽然距离墨尔本只有3个小时的车程，但是这里的气温比墨尔本至少低10℃左右。

作为格兰屏的核心产区，大西区汇集了本地的灵魂酒庄，其独特的风土条件造就了设拉子奇妙的白胡椒香气。

格兰屏的酒庄没有华丽的建筑，也没有精致的餐厅。在这里，似乎一切又回到了葡萄酒的历史长河中，被精心照料的葡萄田，质朴的酒庄，安静的品酒商店，说话的只有葡萄酒自己。

❖ **重点推荐**

沙普酒庄 ❶
穿越时空的探寻（M-C2）

【 略知一二 】

酒庄名称：沙普酒庄（Seppelt）
创建时间：1851年
创始人：约瑟夫 • 沙普
庄主：沙普家族
电话：03 5361 2239
网站：www.seppelt.com.au
地址：36 Cemetery Road, Great Western, Victoria 3377, Australia
酒窖开放时间：每日10:00—17:00

☑ TOP TIPS

在沙普酒庄前面美丽的绿地花园里，坐落着一栋20世纪70年代的小屋，里面有3个卧室，以及居家一切必备的设施，这就是在沙普历史上鼎鼎大名的酿酒师小屋，专供酿酒师在每年的收获季和酿酒季居住，这里留下了很多著名酿酒师的痕迹。

今日的酿酒师小屋在非收获季的时候（5—12月），也开放供客人居住的旅舍。但因为非常受欢迎，需要尽早预订。

【古往今来】

作为澳大利亚最早的酒庄之一，沙普酒庄成立于1851年，酒庄的创始人是约瑟夫·沙普。历经160多年，沙普酒庄曾经变更过酒庄名称，所有权也几经转让，如今，酒庄所有权又再次回到了沙普家族的手中。

沙普酒庄最初的葡萄园建在维多利亚州的巴罗萨谷（Barrosa Valley），后来在不断的发展变化中，沙普酒庄的葡萄园扩展至维多利亚州的4个地方，它们分别是格兰屏、亨提（Henty）、希思寇特（Heathcote）以及本迪戈（Bendigo）。面积如此广阔的葡萄园和极其多样化的复杂地形，使得沙普酒庄几乎可以种植澳大利亚所有的葡萄品种。沙普酒庄也是全澳大利亚第一家生产设拉子气泡酒的酒庄，这款酒也为酒庄赢得了世界性的声誉。

早期的烟酒批发商、德国人约瑟夫·沙普于1851年来到阿德莱德定居下来，在巴罗萨山谷买了地。本来到澳大利亚是打算种烟草的，但气候不适合，结果却在1851年到巴罗萨谷买地转植葡萄，因澳大利亚较德国热，种植出来的葡萄糖分和酒精高，却失掉了最重要的天然酸度，唯有仿效葡萄牙酿制砵酒，在当时的澳大利亚更是受欢迎的餐酒。

与此同时，格兰屏"气泡酒产区"形象的建立与该地区的法国移民息息相关。19世纪50年代，安妮·玛丽和她的丈夫让·皮埃尔及她的兄长埃米尔从法国来到这里，建立了圣彼得斯（St Peters）葡萄园。

1834年，约瑟夫·贝思和亨利·贝思兄弟从英格兰的萨里移民到澳大利亚，在墨尔本的圣詹姆斯入学。19世纪50年代的维多利亚淘金热时期，两兄弟搬到维多利亚州的亚拉腊。他们看到，与其跟矿工竞争淘金，不如以他们为顾客谋生，于是开始给矿区供应肉食。同时，他们注意到这个地区最早的葡萄种植者圣彼得斯葡萄园取得了成功。1865年，约瑟夫从附近的圣彼得斯葡萄园扦插了一些葡萄藤，开始种植，建立了西部大地酒厂（Great Western Winery），并请来当地淘金的矿工挖掘了神奇的地下隧道酒窖。

　　该酒厂后来被巴勒拉特商人汉斯·欧文购买，采用了查尔斯·洛特引入的传统气泡酒酿造法，酿制出澳大利亚第一批气泡设拉子酒。之后，酒厂几经转手，于1918年被约瑟夫·沙普的儿子本诺·沙普收购，自此，该酒庄的知名酿酒师纷纷获得澳大利亚葡萄酒界"终身荣誉奖章"的最高头衔，如科林·佩雷斯（Colin Preece）和伊安·麦肯齐（Ian Mackenzie）。

【神醉心往】

从1851年开始，沙普酒庄就为澳大利亚葡萄酒的革新和品质积累了不少声誉。亚当·卡纳比和玛丽莲·切斯特是酒庄的酿酒师。

一直以来，作为澳大利亚葡萄酒产业的领军人物，沙普酒庄的管理者所秉承的酿酒理念是确保葡萄酒的最高品质与品种的多样性。在充分借鉴国外知名酒庄酿酒经验的同时，沙普酒庄的酿酒团队也注重并发扬了自己酒庄的悠久历史和酿酒传统，他们将这两种理念完美地结合在一起，既确保了酒庄能够经常在澳大利亚葡萄酒行业中推陈出新，又保证了酒庄始终如一地酿造出酒体优雅而又口感丰富的美味葡萄酒。

沙普酒庄出产的葡萄酒不但自然醇美，而且果香充分，他们的设拉子葡萄酒更是口感多样，质地高雅。沙普酒庄出产的葡萄酒凭借酒庄悠久的历史和卓越的葡萄酒品质，既赢得了广大消费者的青睐，更获得了无数专业媒体和葡萄酒专家的高度赞赏，在国内及国际的各种葡萄酒大赛上斩获无数奖项。近年来，酒庄出产的非常受欢迎的酒款有Fleur de Lys NV Cuvee、Fleur de Lys Vintage及Salinger NV Premium Cuvee等。

贝思酒庄 ❷
洗尽铅华也从容（M-C2）

【略知一二】

酒庄名称：贝思酒庄（Best's Estate）
创建时间：1866年
座右铭：澳大利亚保存最好的秘密
创始人：亨利·贝思（Henry Best）
庄主：Benjamin Hamill Thomson
电话：03 5356 2250
网站：www.bestswines.com.au
地址：111 Best's Road Great Western, Victoria 3374, Australia
酒窖开放时间：周一至周六，10:00—17:00；周日，11:00—16:00

【古往今来】

贝思酒庄位于澳大利亚维多利亚州格兰屏葡萄酒产区大西区。该酒庄是澳大利亚最古老、最重要的酒庄之一，出产世界顶级的葡萄酒。自1866年创建以来，酒庄只经由两个家族接管过，一个是酒庄的创建者贝思家族，另一个是1920年收购该酒庄的Thomson家族。

1834年，约瑟夫·贝思和亨利·贝思兄弟从英格兰的萨里移民到澳大利亚，在墨尔本的圣詹姆斯入学。19世纪50年代的维多利亚州淘金热时期，两兄弟搬到维多利亚州的亚拉腊。他们看到，与其跟矿工竞争淘金，不如以他们为顾客谋生，于是开始给矿区供应肉食。同时，他们注意到这个地区最早的葡萄种植者圣彼得斯葡萄园取得了成功。1865年，约瑟夫从附近的圣彼得斯葡萄园扦插了一些葡萄藤，开始种植，建立了西部大地酒厂（Great Western Winery），并请来当地淘金的矿工挖掘了神奇的地下隧道酒窖。

1866年，亨利·贝思在大西区购买了30万平方米的园地以及名为Concongella的建筑物。1867年，他们首次种植葡萄树。直到1869年，酒庄才成为功能型酿酒厂。1907年，酒庄正式注册商标，成为澳大利亚首批葡萄酒公司之一。1913年，亨利·贝思逝世，享年81岁。他的儿子查尔斯·贝思接管酒庄。

William Thomson于1847年出生于苏格兰的佩斯里，儿时就来到了澳大利亚。1893年，William放弃了面包师的工作，在距离大西区西南13千米的拉姆尼（Rhymney）购买了一个果园、葡萄园和酒厂。他带着16岁的儿子Frederick Pinchon Thomson打造了一个名为St Andrews的农庄。William的酿酒厂在1893—1900年兴盛起来。此时，William决定返回墨尔本重拾面包师的工作，让儿子Frederick独立运营酿酒厂。

1920年，贝思酒庄被William和Frederick Pinchon父子以1万英镑收购。1924年，William过世，将贝思酒庄留给Frederick Pinchon运营，Frederick Pinchon带领酒庄闯过了

20世纪30年代的经济大萧条时期。1949年，Frederick Pinchon于中国香港过世，Thomson家族的第三代传人Frederick (Eric) Thomson和William (Bill) Thomson接管贝思酒庄的运营。1938年，Thomson家族第四代传人Eric Vivian (Viv) Hamill Thomson出生。1961年，Viv加入家族的酿酒事业，出产了首款葡萄酒。1964年，第五代传人（Viv的儿子）Benjamin Hamill Thomson出生。1975年，Viv任命了首位外部酿酒师Trevor Mast，他后来成为澳大利亚有史以来最伟大的酿酒师之一。1982年，Viv成为维多利亚州葡萄酒协会主席，继续扮演国家葡萄酒展评委的重要角色。1993年，酒庄出产了首款旗舰酒Thomson Family Shiraz，以纪念Thomson家族在拉姆尼定居100周年。2008年，Viv将酒庄转交给第五代传人、长子Benjamin Hamill Thomson掌管。

贝思酒庄拥有两个葡萄园："空空偈喇"（Concongella）以及13千米之外的拉姆尼葡萄园。两个葡萄园培养的葡萄藤树龄从5年到145年不等，不同的土壤和局部气候条件使各自出产的葡萄各有特色，增添了贝思葡萄酒的复杂性。贝思酒庄栽种于19世纪60年代的苗圃园，可以说是老葡萄藤的"活化石"展览馆，100多年的老藤设拉子、黑比诺、莫尼耶比诺在这块神秘的土地上静静地生长。

【神醉心往】

　　贝思酒庄的神秘法宝之一，就是历经50多个酿酒年份的大师Viv Thomson，他的经验可谓澳大利亚葡萄酒行业的"活字典"。时至今日，Viv的酿酒理念仍然贯穿于现代的日常酿酒工作中。他对澳大利亚葡萄酒行业的贡献使他成为国宝级的专家。贝思酒庄一直由家族所有并运营，酿制独特、优雅且具有巨大陈年潜力的标志性葡萄酒。

　　第五代传人本·汤姆森，自2008年起担任酒庄总经理和葡萄园经理，继续演绎贝思酒庄老藤的传奇。他深深地热爱这片土地，热衷于维护发展历史悠久的葡萄园，在创新葡萄栽培和收割技术方面独树一帜。酿酒师贾斯汀·珀瑟尔则为贝思酒庄带来了丰富的国际经验和远见卓识。

　　酒庄出产的葡萄酒主要分为Great Western Range、Icon Range、Concongella Collection三大系列，每大系列都蕴含着不同的故事。其中Great Western Range系列包含Great Western的各种葡萄酒，包括Bin 1 Shiraz在内；Icon Range包含酒庄的旗舰酒款，如Thomson Family Shiraz、Bin 0 Shiraz以及采用老藤葡萄酿制而成的酒款；Concongella Collection系列则主要包含一些单一年份的酒款和为特定场合酿制的葡萄酒。

朗节酒庄 ❸
特立独行显非凡（M-D3）

【略知一二】

酒庄名称：朗节酒庄（Mount Langi Ghiran）

创建时间：1963年

创始人：Fratin兄弟

庄主：Rathbone家族

电话：03 5354 3207

网站：www.langi.com.au

地址：80 Vine Road, Bayindeen, Victoria 3375, Australia

酒窖开放时间：周一至周五，9:00—17:00；周六、周日，10:00—17:00

【古往今来】

朗节酒庄处于维多利亚州格兰屏地区大分水岭的位置，是澳大利亚葡萄酒产区中最孤立也最独特的地方之一。高耸的花岗岩峭壁以及肥沃的红色土壤使酒庄蒙上了一层不凡而独特的味道。酒庄被工作人员亲切地称为"Lang"，以出产澳大利亚凉爽气候区最具标志性的葡萄酒著称。

1870年，酒庄所处地区首次种植的葡萄品种是设拉子。1963年，意大利移民Fratin兄弟发现朗节山脉的环境条件很适合设拉子的种植，又重新开始种植。收获的葡萄最初卖给附近的酿酒商，由于葡萄质量高，引来大批的拥护者。Fratin兄弟觉得这寻金之路大有可为，于是，在1978年开始酿造自己的葡萄酒，并且由此酿造出富有辛辣味道和复杂胡椒气息的"Langi Shiraz"。

Fratin兄弟于1978年委任马卓凡担任酿酒师顾问。Trevor于1970年在德国盖森海姆大学完成酿酒学位课程，先后在德国、法国、葡萄牙和南非等地从事酿酒师工作，然后回澳大利亚发展，受雇为朗节酒庄的顾问酿酒师，亦同时在澳大利亚其他酒庄从事酿酒工作。Trevor和妻子Sandra目睹了葡萄园潜藏的巨大发展潜力，备受鼓舞，并希望园区能得到进一步的发展，于是在1987年，他们收购了朗节酒庄，成为此酒庄的主人和全职酿酒师。

1999年，Trevor因为参与一个癌症患儿的慈善活动，结识了Rathbone家族。Rathbone

家族拥有优伶酒庄，亦是澳大利亚酒业界的活跃人物，醉心于发展澳大利亚酿酒事业。在2002年底，Trevor与Rathbone家族达成出售朗节酒庄的协议，但他继续担任酒庄的酿酒师。得到Rathbone家族的全力支持，Trevor可谓如虎添翼。2003年，Dan Buckle接替Trevor成为首席酿酒师，2014年，Ben Haines接替Dan成为首席酿酒师，并继续传承酒庄独特的酿酒传统，不断酿造出品质优秀的葡萄酒。

　　与很多名庄一样，朗节酒庄在地理环境、气候和土壤方面，都得到上天的恩赐。它的土壤属于远古期的红黏土，面层为花岗幼石，含丰富铁质且去水能力良好。朗节酒庄葡萄园背靠的朗节山和高莱山，提供了一道天然屏障，令附近区域气温较低和雨量较多，因而减少了人工灌溉和干预。这样的环境，令葡萄有较长的生长期，每年大约9月底至10月中旬为发芽期，而葡萄的采摘期可推迟至6月，收获的葡萄含有充足的糖分和酸度。而朗节酒庄设拉子独特的清雅胡椒味就是在这种环境中孕育而成的。

　　朗节酒庄的独有奇景是一张巨大的天网，覆盖着一个达9公顷的葡萄园。由于酒庄处于两座山之间，经常产生风道效应，多年来一直影响部分葡萄的生长。这张巨网被称为气流保护系统，可减低高风速造成的影响，但不阻碍正常的阳光照射和自然通风。

【神醉心往】

作为朗节酒庄的首席酿酒师，Ben Haines迅速成为澳大利亚炙手可热的年轻酿酒精英，他的作品层出不穷，备受好评。2008年，Ben获得澳大利亚和新西兰最佳青年酿酒师的桂冠。他对风土条件和凉爽气候设拉子的痴迷，以及对葡萄园的专注，是朗节酒庄的宝贵财富之一。

朗节酒庄葡萄园如今种植有80公顷的葡萄树，以培植红葡萄品种为主，80%的土地用于种植设拉子品种，此外还种赤霞珠、美乐、桑娇维赛以及灰比诺、霞多丽和雷司令等个别白葡萄品种。

在葡萄园管理上，酒庄采取可持续的葡萄树栽培方式。为此，酒庄实施多项管理措施，如预防性病害管理、病害管理、土壤管理和土地管理等。在预防病害管理上，酒庄依赖树型管理来预防疾病的暴发。通过培形、修剪葡萄枝条来优化空气流动，增强葡萄树接收到的光线。在病虫害管理上，酒庄采用病虫害综合治理系统来控制虫害对葡萄园的破坏，避免使用化学肥料。在土壤的管理上，由于园区的土壤成分历经时间长，所以土壤结构显得非常脆弱，为了维持土壤的健康状态，园区内长年种植草坪，这样可以促进土壤营养物质的循环以及有机物质的形成，维持本身的生物活性等。

40多年来，酒庄坚持采用可持续生产的方式管理葡萄园。酒庄相信，采用可持续的葡萄种植方式可以得到更健康的土壤，收获更具平衡性的葡萄，并最终酿出品质最优的葡萄酒。他们深信，对土地的责任是至关重要的。

吃在格兰屏

❖ 重点推荐

④ 皇家邮政酒店（Royal Mail Hotel）餐厅 ❌ （M-B4）

坐落在格兰屏国家公园南大门的皇家邮政酒店，原是20世纪初皇家邮政公司设立在运送邮件路线上的中转邮局，后来被改造成精品酒店，并以皇家邮政命名为皇家邮政酒店。当年的老邮局被改建成餐厅和酒吧，而餐厅更是驰名澳大利亚全国，2015年在最著名的美食排名the Age Good Food Guide中荣获"2 hats"的殊荣。虽然餐厅的菜系并没有局限在某个区域或者国家，但其食材一直坚持本地出产，甚至很多是来自餐厅自己的菜园和果园，鸡蛋往往也是来自自家农场散养的母鸡。

作为盛名在外的葡萄酒产区餐厅，皇家邮政酒店餐厅的葡萄酒酒单获奖无数，而餐厅也屡次被评为"澳大利亚最佳酒单餐厅"。这不得不归功于酒店的主人——具有传奇人生的Allen Myers先生。与其作为一位成功的律师相比，Allen Myers更出名的是其资深葡萄酒收藏家的身份。隐藏在酒店房间后面弄堂里面的酒窖，汇集了主人40多年的收

藏，大约有2300多种，来自澳大利亚和全世界各地的葡萄酒产区，总数多达26000瓶。如果运气好的话，可以预约到由酒店的首席侍酒师Deniz Hardman亲自带领的酒窖参观，参观过程中，看到各种"酒王"可不要吃惊哦！

🏠：98 Parker Street, Dunkeld, Victoria 3294
☎：03 5577 2241
✉：relax@royalmail.com.au
@：www.royalmail.com.au
营业时间：一周7天，供应早、中、晚餐

☑ TOP TIPS

餐厅有两个吧台区，分别为与餐厅连为一体的葡萄酒吧以及临街的吧台。其中临街的吧台非常休闲和舒适，非常适合餐前小聚或者小憩。吧台有简餐提供，每天从12:00开放到21:00。值得一提的是每周四为家庭日主题，所有儿童消费免单。吧台区域不需要订位。

☑ TOP TIPS

虽然皇家邮政酒店餐厅距离墨尔本有3个多小时的车程，但是餐厅的火爆程度超出想象，建议一定要在确定行程订位后再前往。由于餐厅在餐和酒方面的出色，餐厅最经典的是厨师推荐套餐，包括8道菜，每道菜精心搭配一款葡萄酒，可以把餐厅的精华逐一品尝，而又不用太动脑筋。餐厅全年营业，提供早餐、午餐和晚餐。但是在周六和公共假日的晚餐，只供应套餐，除了经典的8道菜套餐外，还供应5道菜套餐。

本地美食与美酒

❺ Darriwill Farm ❌ （M-A4）

坐落在文化小镇汉米尔顿的镇中心，就在雕塑的角落，无论是从哪个方向走过来，都不会忽略Darriwill的招牌。位于转角处，一面是零售商店的招牌和入口，餐厅的入口则在转角的另一面，招牌上标着 "café" 的字样。零售店里面主打的不但有本地的新鲜食物，其格兰屏本地葡萄酒的种类齐全也是别处无法比拟的。体验本地美食和美酒的捷径就是坐在舒适的餐厅里面点上一道菜，然后和朋友一起分享一瓶只能在本地才能喝到的葡萄酒。

🏠: 169 Gray Street, Hamilton, Victoria 3300　☎: 03 5571 2088

✉: hamilton@darriwillfarm.com.au　@: www. darriwillfarm.com.au

开放时间：周一到周四，10:00—17:30；周五，早上，10:00—18:00；周六，9:30—15:00

❻ Vines Café & Bar ❌ （M-C3）

毋庸置疑的本地小咖啡餐馆，已经在这里营业超过10年，位于亚拉腊镇中心的主路上，逐渐成为经过亚拉腊去南澳大利亚阿德莱德的旅客停留午餐的理想场所。餐厅的早餐和咖啡比较有名，比较适合悠闲地坐下来慢慢品尝。如果住在亚拉腊小镇上，也不失为一个美好早上的温暖开端。

🏠: 74 Barkly St , Ararat Victoria 3377　☎: 03 5352 1744

营业时间：9:00—17:00，开放早餐和午餐。周三歇业

☑ TOP TIPS

唯一需要注意的是这家小咖啡餐馆的餐费可不像其看起来这么小，有点儿小贵，所以在点单时要特别留意一下再点哦。另外，中午11:00—12:00不营业，所以选择休息或者午饭需要避开这个时间段。

---

❼ The Kookaburra Bistro ❌ （M-B2）

作为一个已经营业33年的小镇餐馆，虽然历经了不同的主人，但是其风格从未改变：将纯粹的本土美食与美酒文化进行到底！所以，无论菜单如何变化，您永远可以找到Kookaburra餐厅经典的菠菜卷、烤鸭、私家秘制牛排以及各式甜品。

🏠: 125—127 Grampians Road, Halls Gap, Victoria 3381　☎: 03 5356 4222

营业时间：酒吧从16:00开放，周四到周日18:00开放晚餐，周六和周日中午12:00—15:00开放午餐，周一歇业

@: http://www.kookaburrahotel.com.au/

原住民美食及野餐

❽ Bushfoods Café ❌（M-B2）

位于著名的原住民文化中心二楼，在完成原住民文化之旅后，Bushfoods咖啡餐馆无疑是一个很好的休憩场所，进一步从舌尖上体验一下原住民的美食文化。想大胆尝试原汁原味的原住民丛林野味的客人，在这里可以吃到袋鼠肉、鸸鹋肉和鳄鱼肉。除了食物，餐厅还举办原住民的饮食文化体验活动，例如在一位导游的带领下，在文化中心的树丛中散步，通过导游的演示和讲解，了解古代的原住民如何狩猎以及各种狩猎工具的用途。

🏠：277 Grampians Road, Halls Gap, Victoria 3381

☎：03 5361 4000

✉：info@brambuk.com.au

营业时间：9:00—17:00

❾ Quarry Restaurant ❌（M-B2）

位于霍尔斯峡小镇的正中心，Quarry餐厅坐拥无可比拟的自然美景，以雄伟的山脉为背景，俯瞰湛蓝的湖水。翻开菜单，不但有澳大利亚野味：袋鼠肉排、澳大利亚肺鱼、澳大利亚老虎虾，也有品目齐全的本地葡萄酒。夜晚坐在露天餐厅里，烛光摇曳，酒不醉人人自醉！

🏠：Stony Creek, Grampians Road, Halls Gap, Victoria 3381

☎：03 5356 4858

手机：0422 235 600 或 0431 114 125

✉：info@quarryrestaurant.net.au

@：www.quarryrestaurant.com.au/index.html

营业时间：每天17:30开始供应晚餐。午餐只在学校假期期间开放，但可以接受团体预订

山区小镇美味

❿ Balconies Restaurant ✖ （M-B2）

提供早餐和休闲晚餐，餐厅位于住宿房间的楼上，俯瞰花园美景。每周六晚上有专业级别的爵士表演，很受欢迎。

🏠：Main Rd, Halls Gap, Vic. 3381. ☎：03 5356 4232

✉：info@mountaingrand.com.au　@：www.mountaingrand.com.au/dining.html

---

☑ **TOP TIPS**

餐厅提供的"Grampians Getaway Package"套餐很适合住在这里的客人。每晚278澳元，包括两个人。套餐内容包括英式茶，3道菜的晚餐，英式自助早餐，爬山午餐便当，均为两人份。

⓫ Namaskara Indian Restaurant Namaskaar ✖ （M-B1）

在温暖的夏夜，可以一边在露台啤酒花园就餐，一边观赏宝莱坞电影。

🏠：Western Highway, Dadswells Bridge, Wartook Valley, Victoria 3401

☎：03 5359 5251　✉：noelmasla@bigpond.com

⓬ Mount Zero Olives Farmgate ✖ （M-B1）

在橄榄园里面品尝格兰屏山区最好的橄榄和特级初榨橄榄油、沙拉三明治和Crostini。或一碗热汤，或一杯意大利浓缩咖啡，小憩后继续爬山。

🏠：41 Mount Zero Road, Laharum, Wartook Valley, Victoria 3401

☎：03 5383 8280

✉：info@mountzeroolives.com

@：www.mountzeroolives.com/

The Millstone Cafe 营业时间：10:00—16:00（周六、周日）

⓭ Deirdre's Restaurant at Laharum Grove ✖ （M-B1）

坐落在国家公园内，以新鲜的土特产闻名，可以购买。提供午餐和晚餐，均为本地风味。

🏠：1603 Winfields Road, Laharum, Wartook Valley, Victoria 3401　☎：0429 136 319

✉：deirdre@laharumgrove.com.au　@：www.laharumgrove.com.au

营业时间：周六至周四，11:00—16:00；周五，11:00—23:00（需预订）

住在格兰屏

　　格兰屏山区的住宿地点都靠近山脉，周围是浑然天成、令人叹为观止的山区景色。根据您的心情和预算，可选择五星级酒店或传统宾馆、民宿，以及一些特别为团体提供的住宿。

　　此外，充裕的自助度假村舍、房车停泊站和露营地，使这里成为您与家人、朋友度过珍贵时光的好地方，加上周围安静的丛林环境，也让人放松身心，重新振奋起精神来。

❖ 重点推荐

⓮ 皇家邮政酒店 (Royal Mail Hotel)——皇家邮政古道上的精品酒店 🏠（M-B4）

坐落于Sturgeon山脚的皇家邮政酒店，宛如明珠般闪耀在格兰屏国家公园南入口的主干道上。这里不但是从墨尔本到南澳大利亚驾车必经之地，而且也是维多利亚大南部黄金旅游路线（大南部旅游路线会在后面的"乐在格兰屏"中详细介绍）的交通要塞，所以不难解释为何一个地处如此偏远地带的酒店会全国闻名，甚至吸引着全球的美食美酒爱好者、登山以及户外活动爱好者。

传统的皇家邮政酒店主要是位于邓凯尔德镇中心的酒店，分别在马路的两边，与餐厅在同一面的是山景别墅和自助公寓，而马路对面的Mulberry别墅则更适合团体或者家庭一起居住，独立的庭院和简洁舒适的房间，可以同时入住11位客人。除了镇中心的酒店，不得不提的是同属于皇家邮政酒店的另外一处庄园——距离酒店3000米的Sturgeon山庄。沿着红色石块铺就而成的路面驶入庄园，一直到Sturgeon山的山脚下，忽然发现3座

☑ TOP TIPS

Sturgeon山庄和酒店之间有免费的穿梭巴士接送，但需要提前预订。山庄客人可以享受酒店客人同样的待遇。对于喜欢散步的客人，在山庄和酒店之间有条小路也可到达，沿着Sturgeon山脚，大约1500米的路程。迎着早晨的朝阳，呼吸着山中特有的气息，也真是醉了！

房子（一大两小）零星散落在山脚下的草地上。其中最大的房子就是以低调奢华而闻名的Sturgeon山庄，共有6个卧室，大大小小的起居室和客厅，甚至还有一个私家菜园，由酒店餐厅主厨亲自打理。另外的两座石头房子原为牧场储水塔，现在分别被改建成单卧和双卧的别墅酒店。Sturgeon山庄的3座房子均为自助服务风格，每座房子都有独立的厨房设施以及露天烧烤台，对于想短期逃离繁忙生活的都市人来说，这里可以称得上是一个"天堂"般的选择！

🏠 : 98 Parker Street, 3294 Dunkeld ☎ : 5577 22241 ✉ : relax@royalmail.com.au
@ : www.royalmail.com.au 参考价格区间：900~2000元

宿在酒区腹地的淘金小镇亚拉腊

　　作为格兰屏产区的灵魂，大西区是葡萄酒爱好者的必游之地，而这里也汇聚了格兰屏产区的大部分名庄（"游在格兰屏"中的三大酒庄均位于大西区）。探索大西区的最好据点就是亚拉腊。作为方圆之内最大的小镇，历经沧桑的亚拉腊充满了淘金岁月的传说和遗迹，这其中就包括著名的中国淘金者博物馆（Gum San Chinese Heritage Centre）。小镇上的住宿选择很多，但以汽车旅馆为多。其中综合排名和人气最高的有3家，甚至被小镇政府的官网评为4星旅馆。

⓯ Econo Lodge Statesman Ararat ☎ （M-C2）

毗邻中国淘金者博物馆，Econo Lodge Statesman Ararat被当地的各种历史遗迹和画廊包围，不啻为探索当地小镇历史文化的一个好居所。更何况旅馆的房间整洁而舒适，虽没有酒店的豪华，但是温馨的氛围却让在旅途中的游客们多了那么一丝家的感觉。

🏠：79 Lambert Street, Ararat, Victoria, 3377, Australia ☎：03 5352 4111

@：无官网，可通过订房网站（例如booking、hotels等）订房

参考价格区间：400~900元

✓ TOP TIPS

- 旅馆全面戒烟
- 餐厅里有中餐提供
- 13:00后办理入住，10:00前退房。如需晚退房，可以向前台申请。
- 酒店前台开放时间：周一到周六7:00—21:00，周日8:00—20:00。

⓰ Ararat Motor Inn ☎ （M-C3）

位于亚拉腊镇中心主路，掩映在灌木丛中，Ararat motor in的店招牌醒目到想错过都比较困难。现代简约装修风格的房间，整洁而敞亮。周边不乏各种商店、餐厅和酒吧，即使一个人的旅途也不会闷！

🏠：367 Barkly St, Ararat, Victoria 3377, Australia ☎：03 5352 2521

✉：enquiries@araratmotorinn.com.au @：www.araratmotorinn.com.au

参考价格区间：600~800元

⓱ Southern Cross Motor Inn ☎ （M-C3）

分别在2002年开放一期和2005年开放二期，房间整洁而舒适，特别值得一提的是所有房间均配有超大床。旅馆位于镇中心，游客中心和中央汽车/火车站就在旅馆的对面，交通极其方便。

🏠：96-98 High Street, Ararat, Victoria ☎：03 5352 1341

✉：info@ascmi.com.au @：www.ascmi.com.au

参考价格区间：700~900元

宿在国家公园的腹地小镇霍尔斯峡

⑱ DULC Cabins 🏠（M-B2）

　　时尚的木屋设计，与格兰屏国家公园的大自然融为一体。3栋木屋都是完美的山景房间，其中一间木屋巧妙地在大树上建了一个阁楼，成为两层的树屋。其余两间木屋分别为单卧和双卧。独特的设计风格、绝佳的自然条件以及舒适整洁的房间，都令DULC炙手可热，成为霍尔斯峡的热门话题！

🏠：9 Thryptomene Crt, Halls Gap, Victoria 3381 　☎：03 5356 4711；0427 564 362
✉：info@dulc.com.au 　@：dulc.com.au 　参考价格区间：1200~2100元

⑲ Boroka Downs 🏠（M-B2）

　　自开放伊始，Boroka Downs瞬间成为各种评奖、指南杂志和媒体的宠儿，获奖无数，而"浪漫"已经成为酒店的商标，受到众多情侣的追捧。酒店的每个房间、每个空间都是由设计师根据周边的环境而设定的不同主题，既融合了周边的自然环境，又充分考虑了每对客人的充分隐私。甚至每个房间的床的摆放位置都精心设计过，可以实现躺在床上都能有最佳的视野。白天沉醉在秀丽的风光中，与袋鼠和各种鸟儿和平共处，夜晚则倚在温暖的壁炉旁享受静静的时光，整个酒店充满了惬意和雅致的生活气息。

🏠：51 Birdswing Road, Halls Gap Victoria 3381
☎：03 5356 6243；0400 455 601
✉：info@borokadowns.com.au 　@：www.borokadowns.com.au

⑳ Kiramli Villas 🏠 （M-B2）

在Kiramli Villas可以欣赏到极美的山景，附近还时时有袋鼠穿过。步行到霍尔斯峡闲逛或者吃饭，仅仅五六分钟。

🏠：23-27 Warren Road, Halls Gap, Victoria 3381

☎：03 5381 2159　✉：stevden@wimmera.com.au

@：www.kiramlivillas.com.au　参考价格区间：700～900元

㉑ 奇境农庄（Grampians Wonderland Cottages）🏠 （M-B2）

位于原始丛林保护区的奇境农庄不啻为体验国家公园原始丛林文化的理想场所。袋鼠、大鸟和各种叫不出名字的丛林动物在酒店的草地和丛林间自由地进进出出，动物和人类在这里奇妙地回归了和谐！

旅馆共有6所房屋，均为自助，配有厨房、洗衣机等设施。

🏠：5-17 Ellis Street, Halls Gap, Victoria 3381　☎：03 5356 4241

✉：info@grampianswonderland.com.au　@：www.grampianswonderland.com.au

乐在格兰屏

　　作为澳大利亚最古老的土地之一，格兰屏在漫长的历史长河中，似乎总是被标以沧桑的形象。而真实的格兰屏其实是个有血有肉，充满浪漫情怀的所在。无论是山脉和森林勾画出的惊艳的山地风光，还是依然鲜活的原住民历史，这片古老而神奇的土地都会令曾经到过这里的游客难以忘怀。

你知道吗?

格兰屏的源起

　　格兰屏得名于1836年，由新南威尔士州的勘探总长Thomas Mitchell以其母语苏格兰语命名。在这之前，都是称呼当地的地方土著语Gariwerd。随着欧洲移民的日益增多，格兰屏逐渐成为维多利亚州西北部农业灌溉的最主要供给。然后逐渐扩张到伐木、淘金和采矿。而当地的旅游业直到20世纪后期才逐渐兴起，这主要归功于随着铁路交通的发展，大家对自然风光的兴趣剧增。

格兰屏主题一

关键词索引：

山地
鬼斧神工的悬崖
古老的土地和丛林
澳大利亚本土的野生动物
亲近大自然

㉒ 格兰屏国家公园 🥾（M-B3）

　　格兰屏国家公园是澳大利亚最大的国家公园之一，4亿年前维多利亚州西部的一次地壳变动，造就了格兰屏高山崛起、巨岩耸立的奇景，再历经风霜雨水的侵蚀琢刻，这里的岩壁更加险峻神秘，不但促成了壮观的自然景色，而且成为众多本土动物和鸟类的家园，有袋鼠、考拉、鸸鹋、楔尾鹰等。时至今日，这里已经发展成户外运动爱好者眼中的圣地，每个人都可以肆意选择自己钟情的探险方式。或去丛林漫步攀岩，或在湖中瀑布旁钓鱼划船。还可以从众多的徒步路线中挑选一个，或者在丛林中过夜。而风景如画的霍尔斯峡小镇则是游览国家公园的理想基地，也是布朗巴克国家公园与文化中心的所在地，在这里可以开启了解本地历史和文化的窗口。

　　极富建筑特色的布朗巴克文化中心，其外观是一只展翅欲飞的巨大的EMU（本地鸟），由5个当地的土著部落共同拥有和运营，是澳大利亚历史最悠久的原住民文化中心，没有其他的地方比这里更能身临其境地了解这块古老土地上的原住民文化。在文化中心内，通过多媒体展示、艺术展览、人工制品展、文化访谈以及各种精彩活动，以迪吉里杜管音乐、传统舞蹈、编篮子、投掷回旋镖和绘画等形式来探索西维多利亚州的原住民社区文化。游客可以在中心内通过观看展览而领略加里维德（Gariwerd）6个季节的独特风光，也可加入有原住民导游解说的旅游团，到古老的岩石艺术遗址去体验自然世界的神奇。岩石艺术遗址是澳大利亚原住民绘制在石壁上的红白相间的库利壁画遗迹，为纵横线条、人形、手掌及食火鸡的图形组合。在国家公园区域内，约有4000幅库利壁画被发现，最早的作品已有5000多年的历史。逛累了，可以到文化中心二楼的布丛林咖啡厅(Bush Tucker Café)坐坐，品尝一下美味的丛林美食。

☑ TOP TIPS

　　库利壁画遗迹不在文化中心园区内部，而是分布在原住民遗迹。最便利的游览方式是提前在文化中心的官网预订，参加其定时的旅游团，而且是由经验丰富的原住民导游带团讲解。

格兰屏主题二

关键词索引：

人文文化
淘金文化
澳大利亚淘金潮的起源
中国元素

㉓ 疏芬山 🦢（M-E3）

疏芬山，不只是一个旅游景点，它更是一个追溯黄金历史的岁月旅程。

疏芬山是澳大利亚屡获殊荣的旅游胜地。景区距离墨尔本机场只需50分钟车程。疏芬山是一座生动展示1850年淘金热的户外历史博物馆。让您进入园内就有瞬间回到19世纪中期澳大利亚淘金热时疯狂的淘金小镇的感觉。疏芬山坐落于维多利亚州巴拉瑞特市，到墨尔本机场70分钟车程。每天10:00—17:00对外开放（圣诞节除外）。

疏芬山占地25公顷，这个地区是世界上含金量最高的冲积金矿区之一。自1970年开放以来，已经荣获了澳大利亚各大旅游奖项，其中包括2005—2006年度澳大利亚最佳旅游景点，并且于2005年及2006年连续两年获得维多利亚州最佳旅游景点的奖项。

疏芬山生动再现了19世纪中期澳大利亚淘金狂热时代轰轰烈烈的生活画卷。在采矿区，您可以手持淘金盆在小溪里淘金。这里有一座至今仍生机勃勃的城区，各种商店、旅馆和作坊鳞次栉比，还有两座地下矿区供人探寻。晚上，在整个疏芬山25公顷的景区内会上演壮观的声光表演。

与疏芬山景区仅相隔一条马路的黄金博物馆展示了金矿区的发展历史，也向人们展示了其价值数百万澳元的黄金藏品。

丰富多彩的经典特色活动

花园古装照

穿上欧式古装，做一回19世纪的绅士或淑女，在小花园里拍一张来自150年前维多利亚风格的怀旧照片。

主街游览

在疏芬山主街参观众多的商店和作坊，可以让您真切体验井然有序、多姿多彩的金矿区生活。您可以先搭乘马车巡游城区，然后探索那些19世纪风格的商店和作坊。

您可以观看铁匠如何为骏马打造铁蹄；品尝面包师从燃木烤箱中刚刚取出的新鲜糕点；或者品尝一下从杂货铺里买来的巧克力软糖。您还可以观赏到如何将溶化的糖浆制作成糖果。疏芬山的制烛工匠用一种名叫"点头驴子"的工具来制作蜡烛，您还有机会自己动手染制出色彩绚烂的蜡烛！如果您钟情怀旧时尚，那一定要去漂亮的古装商店好好挑选一番。您甚至还可以在红山照相馆拍一张身穿19世纪服装的照片以示留念。

熔金表演

熔金表演是疏芬山黄金传奇的一大亮点。价值约20万澳元的黄金熔化后被注入一个闪闪发亮的铸模里。一切就在您眼前上演，场面激动人心，不容错过！

红山溪淘金

1851年巴拉瑞特发现金子后，成千上万的淘金者蜂拥而至，各条溪流的两岸密布着淘金的人们。所幸的是，今天的游客来到这里淘金可比当年容易多了。红山溪确实蕴含黄金，并且容易淘到。所淘到的金子全部归您所有，但是必须随身携带淘金许可证，不然警察会把您投入监狱，一切都如150年前一样！

中国村

许多中国矿工随着淘金热潮来到维多利亚州的金矿区，他们中的大多数都来自中国南部沿海地区。有些人因此发了财。仅在1857年，就有6000千克黄金从墨尔本运到中国。这些黄金在今天的价值高达1.5亿澳元！

巴拉瑞特是世界著名的金矿区，中国人称之为"新金山"。中国人在疏芬山淘金史上留下了不可磨灭的足迹，影响深远。

疏芬山的中国村景点，经历了一项耗资上百万澳元的扩建工程，并重新对外开放。中国村采用最新科技，呈现了一段中国矿工的故事。

主题金矿游

疏芬山丰富的主题金矿游非常吸引人。您可以在景区的专业中文导游陪同下乘坐小矿车，如同穿越时光隧道，来到19世纪60年代的地下石英矿区，学习50年前的采矿技术，了解当时矿工的工作情景。在矿区深处放映的小电影《密室》讲述了一对中国兄弟在澳大利亚巴拉瑞特寻找财富的历程。

如果胆子够大，不妨尝试一下在无人带领的情况下独自探索红山矿下曲折的隧道，亲自感受当年挖掘到"幸运金石"的狂喜。这块重达69千克的"幸运金石"至今依然是全世界第二大的天然金块。

蜡烛制作 & 糖果制作

观看19世纪的蜡烛制作工艺，并可自己动手尝试浸制属于您的独一无二的蜡烛。您还能观看太妃糖的制作过程，并可以现场品尝新鲜"出炉"的热腾腾的糖果。

车轮制造表演

观看19世纪的工艺制作车轮，还能看到疏芬山珍藏的19世纪交通工具。

黄金博物馆

黄金博物馆与疏芬山仅相隔一条马路。进入黄金博物馆，您可以了解巴拉瑞特的黄金历史以及黄金博物馆的独特藏品。黄金博物馆展示了巴拉瑞特和维多利亚州各地发现的最著名的天然金块。其中最著名的就是镇馆之宝——世界第二大的天然金块"幸运金石"。此外，黄金博物馆还会定期举办不同主题的展览，让游客们更加全面地了解巴拉瑞特黄金历史的不同方面。

游客服务

疏芬山全程覆盖免费WiFi，提供专业的普通话和粤语导游服务，入口处提供中文游览地图。婴儿车可供出租。游客可以免费使用轮椅。您也可以来这里的邮局，在疏芬山寄一张盖有19世纪邮戳的明信片回家。

票价	
票价是澳元，含货品服务税（GST）。截止到2016年3月31日有效。	
疏芬山门票（包括黄金博物馆）	
成人	$52.50
优惠价	$42.00
儿童（5～15）	$23.50
家庭（2名成人与多达4名儿童）	$132.00
单亲家庭（1名成人与多达3名儿童）	$95.00
5岁以下儿童免费	
※ 门票包含全天的免费活动和展示	

🏠: Bradshaw Street, Ballarat, Victoria 3350

☎: 03 5337 1100

✉: enquiries@sovereignhill.com.au

@: www.sovereignhill.com.au

金矿开放时间：10:00—17:00（夏令时期间延长至17:30），圣诞节不开放。

金矿旁边的黄金博物馆开放时间：9:30—17:30，圣诞节不开放。

到达方式：

🚌 疏芬山位于巴拉瑞特的布拉德肖街。从墨尔本出发，沿西部公路有舒适的90分钟车程（或者从墨尔本机场出发1个小时）。进入巴拉瑞特市后，沿着棕色和白色的旅游标志开到疏芬山。现场无限期免费停车。

🚂 从墨尔本每天都有火车通往疏芬山。淘金特别"V"线列车提供从墨尔本到疏芬山的往返运输。

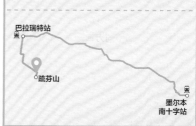

葡萄酒文化之旅

关键词索引：

跨越维多利亚州和南澳大利亚州两大重要产区

连接澳大利亚最卓越的凉爽设拉子产区大西区和澳大利亚最神秘的红土产区库纳瓦拉

重走淘金路，探索往昔的淘金辉煌岁月

淘金潮中的华人文化

㉔ 巴拉瑞特 📞（M-E4）

距离墨尔本112千米，大约1个小时车程的巴拉瑞特是维多利亚州最大的内陆城市，同时也是世界上最大的冲积砂金矿床。如今，小镇上随处可见宏伟的建筑和绿树成荫的街道，仿佛延续着淘金时期的历史传奇。您可以选择游客信息中心提供的历史遗产自助游，去欣赏当地维多利亚时代和爱德华时代的建筑、公园、花园、雕塑和教堂等历史悠久的建筑物。而对于想亲身体验淘金乐趣的游客，疏芬山会是最适合的选择。

巴拉瑞特工艺美术馆

澳大利亚历史最悠久、规模最大的地区美术馆，拥有诸如澳大利亚艺术品和古老的尤利卡旗帜（尤利卡栅栏事件中南方十字星座旗）等丰富的收藏品。女皇剧院（Her Majesty's Theatre）早在1875年就已开业，历史悠久，在这里欣赏一场精彩的演出也会让您不虚此行。

巴拉瑞特美术馆

成立于1884年，巴拉瑞特美术馆拥有在全国范围内最全面的澳大利亚绘画作品收藏集之一。事实上，从1901年起的每一种绘画风格或趋势都有所展示。在巴拉瑞特美术馆总有一些新展品可看。

巴拉瑞特植物园

位于Wendouree湖西侧，是维多利亚州区域最古老的内陆植物园，风景优美迷人。每年3月，园内还会举办盛大的巴拉瑞特海棠节。

巴拉瑞特野生动物园

看可爱的考拉和袋鼠，沿着小道散步或骑自行车欣赏一路上的风景都是不错的选择。

㉕ 亚拉腊 🐾（M-C2）

亚拉腊是唯一由中国人在澳大利亚建立的小镇。时光回到1850年，当时在亚拉腊就发现了金矿，比巴拉瑞特还早了整整一年，是名副其实的淘宝古城。今日的亚拉腊还多了一个重要的身份，因为是距离葡萄酒产区大西区最近的一个重镇，也就自然而然成了探索大西区的大本营。估计方圆半小时车程内，亚拉腊是唯一可以找到便利住宿和餐厅的地方。

金山中国文化博物馆(Gum San Chinese Heritage Centre)

世界闻名的金山中国文化博物馆是亚拉腊的精华所在，尤其是对于华人来讲，其意义非凡。博物馆的建筑风格属于明显的中国南方风格。博物馆内详细地陈列和讲述了1857年5月，700多位从中国南部来的淘金者到南澳大利亚海边小镇Robe登陆后，沿路北上抵达维多利亚州，在取泉水的过程中无意发现了最大的金矿脉络，从而开启了亚拉腊淘金热潮并建立了亚拉腊这段历史。在博物馆的藏品中，有当年的淘金者从中国带来的各种针织布料、刺绣等遗迹，生动地展示了19世纪中国文化的一角。

🏠：31-33 Lambert Street（Western Highway），Ararat, Victoria 3377

☎：03 5352 1078

✉：info@gumsan.com.au

@：http://arts-events-tourism.ararat.vic.gov.au/gum-san-heritage-centre

营业时间：每日开放，10:00—16:30

㉖ 大西区 📞（M-C2）

　　作为格兰屏产区的灵魂，大西区汇集了最主要的葡萄园和酒庄。用最简洁的语言概述：大西区的葡萄田（根瘤老葡萄藤）和酒窖中浓缩了格兰屏葡萄酒产区的历史。

㉗ 邓凯尔德 📞（M-B4）

　　位于美丽的斯特金山(Mount Sturgeon)和阿布拉普山(Mount Abrupt)姐妹峰山脚的邓凯尔德，因为是把守格兰屏和国家公园南大门的交通要塞而闻名。但是就游客而言，逐渐熟识邓凯尔德，却是因为镇上的一个酒店——闻名澳大利亚的皇家邮政酒店。

㉘ 汉米尔顿 📞（M-A4）

　　既是大南区的交通要塞，也是格兰屏区域乃至西维多利亚州的文化中心。小镇上琳琅满目的艺术画廊、零售商店、古董商店以及咖啡店，令其充满艺术气质的生活气息。

汉米尔顿艺术馆

　　该艺术馆以国际级的美术和装饰艺术收藏品而闻名。肖氏遗产展示了800件来自英国及其他国家的银器、琉璃器和瓷器，展示了肖赫伯特和肖梅的收集兴趣。收藏始于1957年，现如今已经有超过7500件收藏品了。澳大利亚画作包括很多重要的殖民艺术品，如Louis Buvelot的《西区》、Thomas Clark的《Wannon瀑布》和Nicholas Chevalier的《Muntham》。现代艺术家包括Sidney Nolan、Arthur Boyd和Kathleen Petyarre。

㉙ 库纳瓦拉 🛋

位于南澳大利亚州和维多利亚州的边界，这个安静的小镇犹如一位隐居在山林的"大士"，却因其独特的红土以及相关的风土条件成为全球最有特色的赤霞珠产区。可惜的是这里已经超出维多利亚州的地界，属于南澳大利亚州。

你知道吗？

格兰屏美酒美食节

每年5月第一个周末举办的格兰屏美酒美食节是澳大利亚时间最长的美酒美食节。自1992年以来，每年在霍尔斯峡举办，已经成为维多利亚州的标志性节日。每年都会有超过100家美食与美酒商家参与，以格兰屏国家公园的壮丽景色为背景，尽享当地美食美酒以及音乐的盛会。另外值得一提的是，每年参与的酒厂都会选择当年年份的一份格兰屏珍藏设拉子在节日上拍卖。

🏠 : Corner of Grampians and Mount Victory Roads, Halls Gap, Victoria 3381

@ : www.grampiansgrapeescape.com.au/

☎ : 1800 065 599

✉ : linfo@grampiansgrapeescape.com.au

大南区旅游路线

关键词索引：

大洋路的壮观奇景，被评为全世界最美丽的海岸线
格兰屏森林公园，岩石的艺术，户外探险的天堂
穿越维多利亚州最凉爽的顶级设拉子产区，古老葡萄藤
西维多利亚州的古老原住民文化
淘金历史的缩影

五天六夜，842千米，车程大约13个小时

❶ 第一天：

墨尔本到阿波罗湾
（187千米，约3个小时）

墨尔本至大洋路
出发地：墨尔本
过夜地：阿波罗湾
距离：179千米

路线概述： 从墨尔本出发，走王子高速公路(Princes Freeway)，经华勒比(Werribee)前往吉朗，也就是大洋路的入口。参观完吉朗美术馆后，再到冲浪海滩城镇托尔坎和洛恩。在海岸线壮美的风景中，从洛恩一路驰骋来到阿波罗湾。在Chris餐厅享用晚餐，俯瞰壮阔无边的大海。

阿波罗湾

　　全年都美丽动人，阿波罗湾为游客提供了看似没有尽头的海滩和热闹的购物区，购物区里布满了咖啡馆、餐馆，还有很棒的澳大利亚酒吧及多家商店和各种服务。阿波罗湾是沿海活动的中心。从这里行驶很短的距离即可到达十二门徒石、大洋徒步路线和奥特威最好的瀑布。您可以租一辆自行车游览城镇和周边地区。 这里是享用新鲜海鲜的好去处，在海滩可以买到澳大利亚传统的炸鱼和薯条。

❷ 第二天：阿波罗湾到仙女港

出发地：阿波罗湾
过夜地：瓦南布尔
(Warrnambool)/ 仙女港
(Port Fairy)
距　离：193 千米

路线概述：从阿波罗湾启程，沿着大洋路穿过美丽的奥特威国家公园，来到十二门徒石。乘坐直升机是观景的最佳方式，您不仅可以同时一览所有门徒石，还可以将蜿蜒的海岸线尽收眼底，特别要留意，可能会在海上看到澳大利亚独有的南露脊鲸。继续前往瓦南布尔，造访弗拉格斯塔夫山海事村庄(Flagstaff Hill Maritime Village)，欣赏《海难》声光表演，或是经过塔山来到仙女港。

你知道吗?

十二门徒石

位于墨尔本西南部约220千米处,是澳大利亚大洋路的著名地标。大洋路被称为"世界上风景最美的海岸公路",紧靠着维多利亚州南部海岸,长约320千米,是澳大利亚政府为第一次世界大战中牺牲的战士而建的。在大洋路坎贝尔港国家公园内的海岸线上,坐落着由千万年历史的石灰石、砂岩和化石经海水侵蚀而逐渐形成的12座断壁岩石,被大自然鬼斧神工地雕凿成酷似各种表情的人面,矗立在湛蓝的海洋中,形态各异,因为其数量和形态酷似耶稣的十二门徒,因此得美名"十二门徒石"。然而时至今日,12座岩壁由于海浪经年累月的冲击只剩下8座。持续的风化使得剩下的8座礁石也岌岌可危,所以吸引了全世界的游客来欣赏这即将消逝在大海中的奇迹。

仙女港

在这个位于大洋路尽头的美丽渔村里,每一个角落都揭示着历史。散步至当地的港口观看渔民卸载他们捕获的小龙虾和鲍鱼,这是维多利亚州最繁忙的渔港之一。在码头,您可以参加有导游带领的捕鱼团出海,或乘坐邮轮到朱莉娅·珀西夫人岛(Lady Julia Percy Island)的海豹聚居地看看。这里有如此多的新鲜海鲜,餐厅也将提供一流的就餐体验。在冬季的几个月里留意一下仙女港海岸外冲出海面的南露脊鲸,这时正是鲸鱼交配和繁殖的季节。

❸ 第三天：仙女港到霍尔斯峡

出发地：仙女港
过夜地： 霍尔斯峡 / 邓
凯尔德
距 离：大约 158 千米，
约 2.5 小时

路线概述：沿着瑰丽神奇的格兰屏国家公园行驶到风景如
画的小镇霍尔斯峡，充分享受户外运动和探险，喜欢爬山
的游客一定要去攀登斯特金山或阿布拉特山，壮丽的山顶
景观会令人终生难忘。在位于霍尔斯峡的布朗巴克国家公
园与文化中心可以了解该地区的原住民历史。在此段旅途
中还有一个不容错过的美食美酒站点——皇家邮政酒店，本
书中多次提到，值得一试。在霍尔斯峡或邓凯尔德过夜。

❹ 第四天：穿越格兰屏葡萄酒产区到巴拉瑞特

出发地：霍尔斯峡／邓凯尔德

过夜地：巴拉瑞特

距　离：大约152千米，约2个小时

路线概述：沿途参观亚拉腊，这是澳大利亚土地上唯一由中国移民建立的城镇。开车经过一些澳大利亚最好的葡萄酒酿造地，到地下酒窖看大西区的葡萄酒是如何酿造的。先来了解一下巴拉瑞特淘金热时期的惊人历史，并花些时间在疏芬山淘金，再去参观澳大利亚最新的博物馆——尤里卡澳大利亚民主博物馆。

❺ 第五天：巴拉瑞特到墨尔本

出发地：巴拉瑞特
过夜地：墨尔本
距　离：113 千米，约
2.5 小时

路线概述：上午欣赏巴拉瑞特历史悠久的殖民地时期的建筑，然后来一杯咖啡。在声名远扬的巴拉瑞特野生动物园喂袋鼠，和考拉合影。在克里尔城堡(Kryal Castle)感受中世纪的氛围，最后返回澳大利亚体育文化之都墨尔本。

图书在版编目（CIP）数据

葡萄酒星球 / 尹立学著. — 北京：北京美术摄影
出版社，2016.8
　ISBN 978-7-80501-931-4

　Ⅰ．①葡… Ⅱ．①尹… Ⅲ．①葡萄酒—酒文化—澳大
利亚 Ⅳ．①TS971

中国版本图书馆CIP数据核字(2016)第159158号

责任编辑：刘　佳
责任印制：彭军芳
顾　　问：仇姣宁

葡萄酒星球
PUTAOJIU XINGQIU
尹立学　著

出　　版　北京出版集团公司
　　　　　北京美术摄影出版社
地　　址　北京北三环中路6号
邮　　编　100120
网　　址　www.bph.com.cn
总 发 行　北京出版集团公司
发　　行　京版北美（北京）文化艺术传媒有限公司
经　　销　新华书店
印　　刷　北京艺堂印刷有限公司
版　　次　2016年8月第1版第1次印刷
开　　本　889毫米×1194毫米　1/32
印　　张　6.375
字　　数　259千字
书　　号　ISBN 978-7-80501-931-4
定　　价　49.00元

如有印装质量问题，由本社负责调换
质量监督电话　010-58572393